大匠出而百业隆，百业隆则国运盛。

「大国工匠工作法」丛书

王进工作法

——±660kV直流架空输电线路带电作业

中国工人出版社

图书在版编目（CIP）数据

王进工作法：±660 kV 直流架空输电线路带电作业 / 王进著；中国职工技术协会组织编写 .—北京：中国工人出版社，2018.6

ISBN 978-7-5008-7020-3

Ⅰ . ①王… Ⅱ . ①王… Ⅲ . ①直流输电线路 – 架空线路 – 带电作业 Ⅳ . ① TM726.3

中国版本图书馆 CIP 数据核字 (2018) 第 133500 号

王进工作法——±660kV 直流架空输电线路带电作业

出 版 人 王娇萍
责任编辑 李 丹
责任校对 赵贵芬
责任印制 栾征宇
出版发行 中国工人出版社
地　　址 北京市东城区鼓楼外大街 45 号 邮编：100120
网　　址 http://www.wp-china.com
电　　话 （010）62005043（总编室）
　　　　　（010）62005039（出版物流部）
　　　　　（010）62382916（职工教育分社）
发行热线 （010）62005996 （010）82075964（传真）
经　　销 各地书店
印　　刷 北京美图印务有限公司
开　　本 880 毫米 ×1230 毫米 1/32
印　　张 9.75
字　　数 179 千字
版　　次 2018 年 9 月第 1 版 2018 年 9 月第 1 次印刷
定　　价 45.00 元

大国工匠工作法丛书｜编委会

序

劳动是人类的本质活动，也是人类最伟大的生存行为，更是人类进化的必然手段。但不得不说，并不是所有人都能理解劳动的含义，漠视劳动甚至于歧视劳动的思想及行为在当下仍然十分普遍。这对我国产业工人队伍建设和成长产生了不利的影响，我国产业工人队伍整体素质偏低、结构不合理的现状就是后果之一，制约了我国经济发展的步伐。

高素质劳动力的产生和成长需要土壤、温度和环境，“劳动最光荣、劳动最崇高、劳动最伟大、劳动最美丽”的理念以及“尊重劳动、崇尚创造”的观念，应当成为我国走向现代、富强和文明过程中的共识，并且落实到所有和劳动、劳动者有关的社会活动中。

中国工人出版社出版《大国工匠工作法》丛书，就是尊重劳动、尊重劳动者、尊重劳动者首创精神的积极举措。阅读这套丛书，相关行业的劳动者能有启发，能记住或许还能直接用上，提升自我的职业技能水平。通过这套丛书的出版，激起各行各业技术工人钻研技术的兴趣，展示产业工人在技术技能创新方面的更多价值，那就是这套丛书出版的最大收获和惊喜，值得为此点赞！

2013年4月28日，习近平总书记在和全国劳动模范座谈时提出：我国工人阶级要增强历史使命感和责任感，立足本职、胸怀全局，自觉把人生理想、家庭幸福融入国家富强、民族复兴的伟业之中，把个人梦与中国梦紧密联系在一起，始终以国家主人翁姿态为坚持和发展中国特色社会主义作出贡献。当代工人不仅要有力量，还要有智慧、有技术，能发明、会创新，以实际行动奏响时代主旋律。

工人是普通劳动者，劳动者的责任和使命不是一句空话，是体现在劳动和劳动成果中的。就劳动而言，现在看也远不是过去意义上的简单劳动。

愚公移山是一个家喻户晓的寓言故事。愚公带领他的子孙每天不停地挖山，要搬走门前的太行、王屋两座大山。最终是愚公的精神感动了天帝，天帝派神仙把山背走了。假设穿越一下，回到没有炸药、没有机械工程的那个年代，愚公的后代大概到现在还在挖山。

这个寓言故事给我们的启迪应当多一层，吃苦耐劳、艰苦奋斗的劳动精神我们绝不能丢，但是劳动的方式、方法和劳动工具更值得我们去研究和运用。换句话说，当今的工人应当具备与岗位工作相适应的职业能力，否则承担责任和使命都是空的。

我以码头装卸生产为例。早的不说，20世纪70年代码头生产已经是机械化操作了，1万吨的矿石船，我们用5台抓斗门机，100多号人三班不停地干，搞大会战，要干1个星期。而现在，3台大型卸船机、皮带运输机一开，用不了24小时，20多个人就能卸完一条装载了20多万吨矿石的巨轮，生产效率几十倍、上百倍地提高。靠什么？靠技术、靠现代化装备。这就是知识、科学技术的力量，不服不行。

读者细心阅读琢磨这套丛书后，会找到不少类似的实例。丛书里记录的都是顶级技术工人从业几十年来的经验体会和智慧结晶，而在背后支撑的就是他们的责任感和使命感。他们能成为大国工匠，靠的不仅是精益求精的工匠精神，更是丰富的知识和过硬的科学技术技能。可以这么说，要做一个合格的、优秀的当代技术工人，不学习不行，不掌握现代劳动技术技能更不行。

当今世界，劳动的观念在更新和重建，内容、方式都在发生变化，所以对劳动者自身能力和素质也有新的更高要求。《大国工匠工作法》丛书将帮助有志于投身中国工业现代化建设的产业工人提升自身职业能力，也期望这套丛书能得到越来越多产业工人的喜爱。

许振超

2018年8月7日

目录

第一章 概论

第一节

±660kV银东直流输电工程概况

一、 工程建设的必要性

我国西北地区能源丰富，水电调节性能优越，但经济发展相对落后，用电水平低且增长缓慢，用电结构单一，造成了西北电网水电资源利用率较低、调峰资源大量闲置的问题；华北地区经济发展较快，用电需求较大，但华北电网资源结构单一，几乎是纯火电系统，系统调峰手段有限，火电深度调峰经济性又差。因此，作为相互毗邻、同处我国北部的两大电网，无论是从资源优化配置、水火电互补运行来看，还是从西部大开发、西电东送的能源流向来看，西北电网和华北电网的联网运行都是必要的。

华北山东电网位于我国电网的东部末端，山东是华北地区经济发达地区之一，也是煤炭资源供不应求的省份，随着山东经济的快速发展，煤炭净调入量呈逐年增加趋势。2004

年山东省煤炭净调入量为3816万吨标煤，2006年煤炭净调入量则超过10000万吨标煤，占煤炭消费总量的50%左右。根据《“十一五”及2015年山东省能源发展战略规划纲要》的预估，“十一五”期间，山东省原煤产量将稳定在15000万吨左右，能源产量远不能满足需要。充分利用我国西部地区资源丰富的优势，转变一次能源为电力，向山东负荷中心输电，对满足山东省经济发展对电力的需求、调节能源结构、减轻一次能源运输压力、加强环境保护、实现经济可持续发展，具有十分重要的意义。

开发西北电力东送华北是西部大开发战略的重要环节，电力外送是西部地区的支柱产业之一，对促进西部地区的社会经济发展发挥了积极重要的作用。西北与华北电网联网工程也是构建国家电网骨干网架的重要组成部分，符合全国联网的总体格局和规划目标，是西北地区西电东送的重要输电通道项目。据初步推算，山东接纳西北宁东来电后，每年可节省煤炭消耗792万吨标准煤，折合原煤1120万吨，使全省万元GDP能耗下降1.8%。按高效脱硫大机组排放水平测算，可使二氧化硫排放量降低约1.1%。

根据电力系统扩大联网的理论，由于被联网两端的系统负荷性、电源结构及调节特性存在差异，西北华北电网联网后，联合系统将获得包括社会效益、经济效益在内的多种联网效益：

（1）西北电网4000MW水火电打捆送电，其中水电容量2000MW，可参与山东电网高峰负荷时的平衡，替代山东电网部分调峰能源，具有一定的水电容量效益，水火电比例取1：1也是合适的。

（2）西北电网水火电打捆4000MW装机向山东电网送电，可获得一定的送电电量效益。

（3）西北电网年最大负荷一般出现在11月，而山东电网年最大负荷一般在8月和12月，由于负荷特性不同及高峰负荷存在时差，宁东—山东直流联网工程将获得一定的错峰效益。

（4）作为电源结构、负荷特性水平均有不同的送受端电网，其联网之后通过统一调度运行、检修安排，将获得一般大系统之间联网可获得的互为备用和紧急事故支援等效益。

目前，国际上普遍根据具体输电工程确定直流输电电压等级。由于通过现有的±500kV和±800kV两个电压等级进行组合匹配获得的输电容量方案有限，而建立直流电压等级序列、形成级差合理的多个电压等级，可以获得多种不同的输电容量组合（涵盖3000MW~10000MW），针对不同的直流输电工程可以得到更加准确、合理的容量匹配结果，使工程在电压等级选择时具有更强的适应性。同时，通过直流电压等级序列的建立，可实现工程标准化和系列化的有机结合，避免直流输电电压等级和设备型式过多导致的重复研究，降低研发费用；通过直流工程的通用设计和设备的标准化制作，有助于实现设备标准备品备件管理，有利于直流工程的运行维护，提高直流运行可靠性，降低运行费用，形成规模效益。

在我国直流输电工程中，有多个工程的输电距离为1000~1500km，当采用±500kV电压等级进行直流输电时，输电距离较远，损耗相对较大，经济性偏差；当采用±800kV电压等级进行直流输电时，工程单位造价相对较高。在±500kV和±800kV两个电压等级之间引入±660kV电压等级，可以获得较好的适应性。从技术上看，±600kV输电技术在国际上已经得到应用，系统设计和关键技术相对成熟；从电压等级上看，±660kV处于±500kV和±800kV的中间点附近，与交流电压序列的确定基本一致，符合直流电压序列合理电压级差的要求；从电流上看，选择5英寸晶闸管、额定电流3000A时，可以直接采用±500kV的成熟设计，不存在很大的技术困难，有利于推动直流输电的国产化进程；从输送容量上看，±660kV输送容量约为4000MW，输送容量比±500kV提高了30%，可较好地与交流电网衔接，而且直流电压的提高有助于降低输电损耗、延长经济输电距离、工程经济性较好，是较为合理的技术升级方案。

二、 工程概况

2010年11月28日19时12分，±660kV银东线极Ⅰ线路正式投入商业运行；2011年2月28日，±660kV银东线极Ⅱ线路投入运行，3月25日正式带负荷运行。

（一） 银川东换流站

银川东换流站位于银川市灵武市临河镇，与已投产的750kV银川东变电站同址建设，全站总建筑面积22393m^2，额定输送容量4000MW，换流变压器14台、每台容量400MVA，低压电抗器2＊90Mvar，直流开关场主接线采用双极典型直流接线，换流阀组接线采用双极、每极1组12脉动换流器的接线方式，换流变压器侧直流在站内接入750kV银川东变电站，750kV出线远景规划10回、本期规划6回，220kV出线远景规划13回、本期规划7回。

（二） 胶东换流站

胶东换流站位于青岛市胶州市胶西镇，与青岛500kV变电站同址建设，全站总建筑面积12508m^2，额定输送容量4000MW，换流变压器14台、每台容量386.4MVA，直流开关场主接线采用双极典型直流接线，换流阀组接线采用双极、每极1组12脉动换流器的接线方式，换流变压器侧直流在站内接入500kV胶东变电站，500kV出线远景规划6

回、本期规划 5 回，220kV 出线远景规划 14 回、本期规划 8 回。

（三） 直流输电线路

±660kV 银东直流输电线路起于宁东回族自治区灵武市境内的银川东换流站，止于山东省青岛市胶州市境内的胶东换流站。线路总长 1333km，共有铁塔 2807 基，其中耐张塔 414 基、直线塔 2393 基，全线基础混凝土用量 187677m^3。

（四） 接地极线路

银川东换流站接地极线路的起点为银川东换流站，途经灵武市、盐池县，终点为盐池县高沙窝镇的红柳沟接地极极址，线路全长 63.93km，共有铁塔 160 基，其中共塔段 80 基、新建段直线塔 68 基、耐张塔 12 基。银川东换流站接地极为双圆形水平浅埋沟型，设计运行年限 40 年。

胶东换流站接地极线路的起点为胶东换流站，途经胶州市、诸城市，终点为峡山水库南部的诸城接地极极址，线路全长 46.879km，共有铁塔 144 基，其中直线塔 125 基、耐张塔 19 基。胶东换流站接地极为双圆形水平浅埋沟型，设计运行年限 40 年。

（五） 配套光通信工程

配套光通信工程共设光通信站 8 个，其中光纤中继站 6 个，沿直流线路架设 1 根 OPGW 光缆，长度为 1401.8km。

（六） 设计参数

1. 设计风速：取值为离地10米高、50年一遇、10分钟平均最大风速，即设计基准风速取27m/s、30m/s、32m/s三种。

2. 设计覆冰：10mm轻冰区、15mm中冰区两种。

3. 系统标称电压：±660kV。

4. 最高运行电压：±680kV。

5. 额定输送容量：4000MW。

6. 极导线电流：3000A。

7. 最大负荷利用小时数：5000h、5500h。

8. 导线：采用4×JL/G3A-1000/45-72/7型钢芯铝绞线，分裂间距500mm（具体参数见表1-1-1）。

表1-1-1
JL/G3A-1000/45-72/7导线参数表

项目＼导线型号		JL/G3A-1000/45-72/7
股数×直径（mm）	铝（铝合金）	72×4.21
	钢	7×2.8
截面（mm^2）	铝（铝合金）	1002.28
	钢	43.10
	总截面	1045.38

（续表）

项目 \ 导线型号	JL/G3A-1000/45-72/7
外径（mm）	42.08
计算重量（kg/m）	3.14
拉断力（kN）	226.15
弹性模量（Mpa）	60.6
线膨胀系数×10^{-6}（1/℃）	21.5
20℃直流电阻（Ω/km）	0.02862
最大使用应力（N/mm^2）	75.9~76.1（10mm 冰区） 82.2（15mm 冰区）
安全系数	2.7（10mm 冰区） 2.5（15mm 冰区）
年平均应力（N/mm^2）	51.3（10mm 冰区） 46.8~47.2（15mm 冰区）
年平均应力百分比（%）	25（10mm 冰区） 22.8~23.0（15mm 冰区）

9. 地线：一根采用 JLB20A-150 铝包钢绞线（具体参数见表 1-1-2），另一根采用 OPGW-150 光缆（具体参数见表 1-1-3）。

表 1-1-2

JLB20A-150 地线参数表

型号 项目	JLB20A-150-19
股数×直径（mm）	19×3.15
截面（mm^2）	148.05
外径（mm）	15.75
计算重量（kg/m）	0.9894
拉断力（kN）	178.57
弹性模量（MPa）	147200
线膨胀系数×10^{-6}（1/℃）	13.0
20℃直流电阻（Ω/km）	0.5807
最大使用应力（N/mm^2）	302（10mm 冰区） 347（15mm 冰区）
安全系数	4.0（10mm 冰区） 3.47（15mm 冰区）
年平均应力（N/mm^2）	144.8~164.9（10mm 冰区） 130.0~154.7（15mm 冰区）
年平均应力百分比（%）	12.0~13.6（10mm 冰区） 10.8~12.8（15mm 冰区）

表 1-1-3
OPGW-150 光缆参数表

项目 \ 型号	OPGW-150
直径（mm）	16.30
承载截面积（mm^2）	149.6
AS 面积（mm^2）	149.58
重量（kg/km）	714
标称抗张强度（RTS）（kN）	96.6
线膨胀系数×10^{-6}（1/℃）	13.0
直流电阻（Ω/km）	0.293
最大允许工作应力（N/mm^2）	258.4

10. 绝缘子串：本线路直线塔均采用复合绝缘子（具体参数见表 1-1-4），串型为单、双联 210kN、300kN 和 400kN 合成 V 型悬垂绝缘子串；导线耐张串采用双联 550kN 盘型或长棒型瓷绝缘子（具体参数见表 1-1-5、表 1-1-6），进龙门架松弛档采用双联 160kN 盘型瓷绝缘子；跳线采用笼式硬跳线，跳线串采用 160kN 双 V 型悬垂绝缘子串。

表 1-1-4

复合绝缘子主要参数一览表

绝缘子型号	FXBW-±660/160	FXBW-±660/210	FXBW-±660/300	FXBW-±660/400
额定电压（kV）	±660	±660	±660	±660
公称结构高度（mm）	9200	9200	9200	9200
绝缘距离（mm）	8654	8654	8522	8467
均压装置间距离（mm）	8504	8504	8372	8317
公称爬电距离（mm）	≥38400	≥38400	≥38400	≥38400
连接标记	20	20	24	28
芯棒直径（mm）	28	28	30	34
额定机械负荷（kN）	160	210	300	400
逐个拉伸试验负荷（kN）	80	105	150	200
湿直流 1min 耐受电压（kV）	750	750	750	750
雷电全波冲击耐受电压（kV）	2800	2800	2800	2800
湿操作冲击耐受电压（kV）	1800	1800	1800	1800
可见电晕电压（kV）	750	750	750	750
伞形结构	一大两小	一大两小	一大两小	一大一中四小
均压装置材料	铝合金	铝合金	铝合金	铝合金
均压装置外径/管径（mm）	高压端小环：Φ232/Φ32 低压端大环：Φ560Φ/60	高压端小环：Φ232/Φ32 低压端大环：Φ560Φ/60	高压端小环：Φ232/Φ32 低压端大环：Φ560Φ/60	高压端小环：Φ232/Φ3 低压端大环：Φ560Φ/60

（续表）

绝缘子型号	FXBW-±660/160	FXBW-±660/210	FXBW-±660/300	FXBW-±660/400
防鸟害型均压装置（是/否）	是	是	是	是
每只重量（含均压装置）（kg）	76.1	76.1	78.9	84.7

表 1-1-5
盘型绝缘子主要参数一览表

绝缘子代号	U550BP/240H	U160BP/170T
盘径 D（mm）	380	360
公称结构高度 H（mm）	240	170
公称爬电距离 L（mm）	635	545
连接标记	32	20
规定机电（械）破坏负荷（kN）	550	160
逐个拉伸试验负荷（kN）	275	80
正极性直流 1min 湿耐受电压（kV）	60	55
雷电冲击耐受电压（kV）	150	140
正、负极性直流 1min 干耐受电压（kV）	150	140
瓷劣化率/自爆率（%）	0.01	0.01

表 1-1-6
长棒型瓷绝缘子主要参数一览表

绝缘子型号	LG125/20+19/1730
额定机械破坏负荷（kN）	550
逐个拉伸试验负荷（kN）	440
最小电弧距离（mm）	1362
最小公称爬电距离（mm）	5625
直流 1min 湿耐受电压（kV）	165
雷电冲击耐受电压（kV）	750
结构高度（mm）	1730
杆径（mm）	φ125
小伞径（mm）	φ239
大伞径（mm）	φ269
连接标记	32L
单只重量（kg）	129

11. 塔型：本线路按 10mm 冰区和 15mm 冰区采用两个系列塔型。典型的单回线路杆塔结构如图 1-1-1 所示，杆塔的呼称高为 45m。

10mm 冰区有六种直线塔塔型，分别为 ZP2711、ZP2712、ZP2713、ZP2714、ZP2715、ZP2716；有四种耐张塔塔型，分别为 JP2711、JP2712、JP2713、JP2714；直线转角塔型为 ZJP2711。

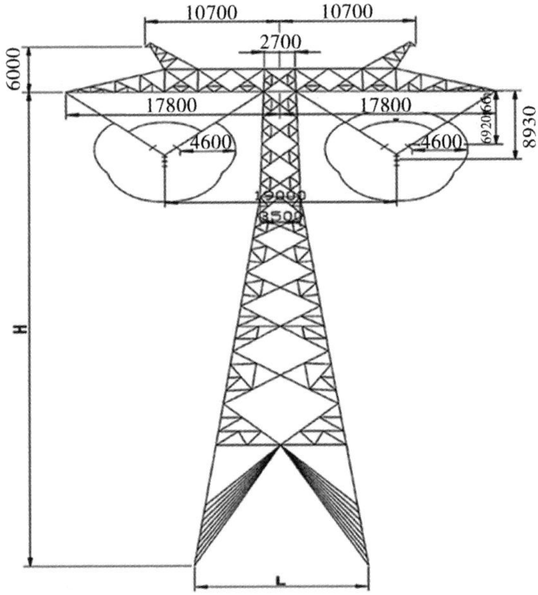

图 1-1-1
直流单回线路塔型图

15mm 冰区有五种直线塔塔型，分别为 ZP2751、ZP2752、ZP2753、ZP2754、ZP2755；有四种耐张塔塔型，分别为 JP2751、JP2752、JP2753、JP2754；直线转角塔型为 ZJP2751；终端塔型为 DT。

12. 基础：本线路主要使用岩石嵌固基础、全掏挖基础、柔性大板基础、岩石锚杆基础、土锚杆基础等型式。

三、 系统接线及其参数

（一） 系统接线

1. 银川东换流站接入西北电网（如图 1-1-2 所示）。

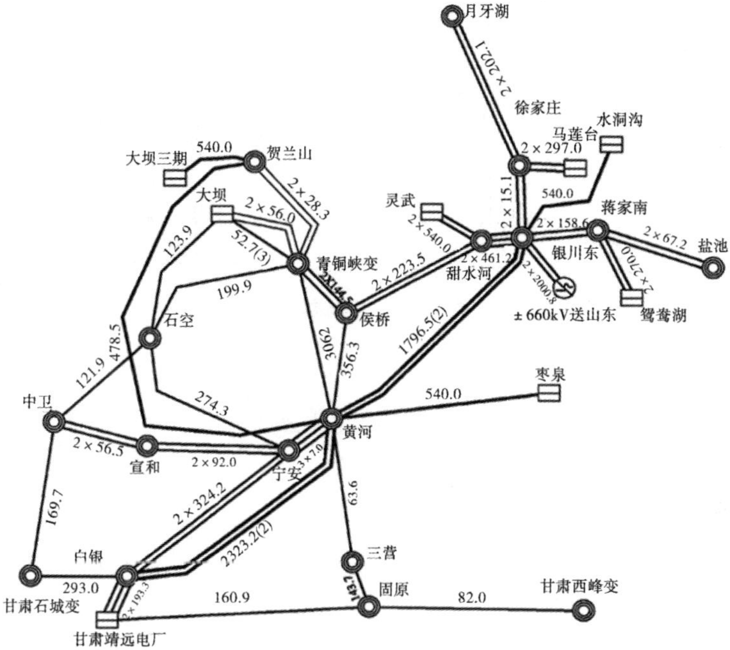

图 1-1-2

银川东换流站接入西北电网示意图

2. 胶东换流站接入山东电网（如图 1-1-3 所示）。

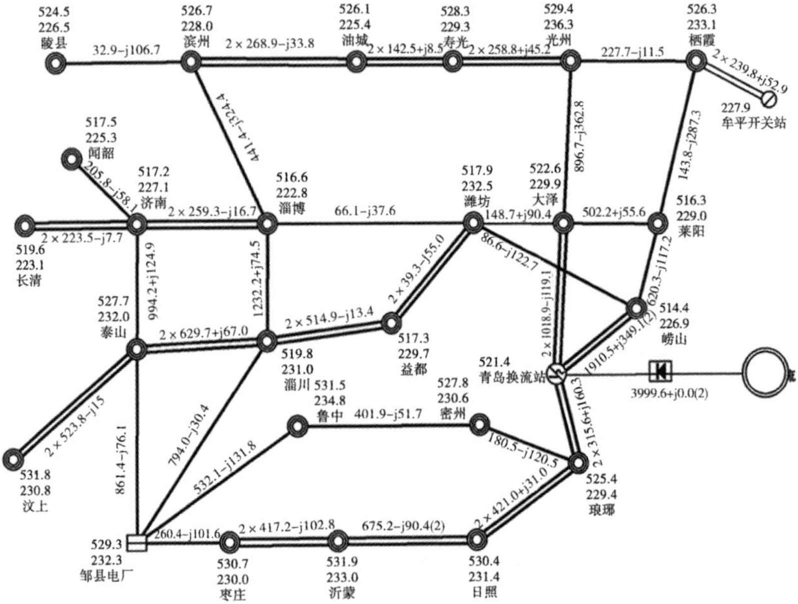

图 1-1-3

胶东换流站接入山东电网示意图

（二） 换流站基本参数

±660kV 银东直流输电线路的换流站双极采用每极 1 个 12 脉动换流器接线。银川东换流站的直流额定运行电压为±660kV，在功率正送方式下，降压方式除外，传输功率从最小功率至额定功率时，考虑所有可能误差在内的直流运行电压最高不应超过 680kV（1.03p.u），定义为平波电抗器出线侧直流极母线与直流中性点间的电压。

在规定的环境条件下，本线路双极运行正向全压能够传输 4000MW 的额定功率，双极反送能够传输 3600MW 的功率。换流变额定阻抗为 18%时，直流主回路基本参数见表 1-1-7，直流控制参数见表 1-1-8。

表 1-1-7

换流变额定阻抗为 18%时的直流主回路基本参数

描述	单位	银川东换流站	胶东换流站
额定功率	MW	3960	
额定直流电压	kV	±660	±635
额定直流电流	A	3000	
每极 12 脉动阀组数		1	1

（续表）

描述	单位	银川东换流站	胶东换流站
阀组理想空载电压	kV	379.25	365.44
单相双绕组换流变容量	MVA	397.15	382.69
换流变阀侧额定（线）电压	kV	280.83	270.60
每极换流变台数		6+1	6+1
换流变额定阻抗		18%	18%
分接头级数		+27/-5	+28/-4
每极平波电抗器电感值	mH	300（干式可多台串联）	
额定工况下阀吸收无功	Mvar	2356	2275

表 1-1-8
换流变额定阻抗为 18%时的直流控制参数

描述	范围/值
额定触发角	15°
α 的稳态控制范围	±2.5°
控制系统的最小限制角	5°
额定熄弧角	17°
分接头变化一档对应的整流侧直流电压变化范围 功率正送方式 功率反送方式	 ±1.25%UdRN ±1.25%UdRN

（续表）

描述	范围/值
分接头变化一档对应的直流电流变化范围 功率正送方式 功率反送方式	 ±1.25%IdN ±1.25%IdN
换流器直流阻性压降标幺值（drR）	3%
换流阀正向导通压降（UT）	0.3kV

本线路功率正送时的过负荷能力是：在最高环境温度下、冷却备用投入时，长期过负荷能力达到1.05倍额定功率；在最高环境温度下、冷却备用不投入时，2小时过负荷能力达到1.1倍额定功率；在最高环境温度下，3秒暂态过负荷能力达到1.4倍额定功率。

本线路功率反送时，在最高环境温度下、冷却备用不投入时，以不增加工程投资为前提，尽量提高长期过负荷能力。

双极正送或反送运行时，直流系统的最小连续输送功率水平都为396MW。单极正送或反送运行时，直流系统的最小连续输送功率水平都为396MW。

在规定的交流系统正常稳态限值内，直流系统应能达到上述传输能力，功率测量点在平波电抗器直流线路侧。在极端限值条件下，直流系统应能安全起停（具体参数见表1-

1-9)。

表 1-1-9
交流系统电压和交流母线短路电流参数表

交流系统电压（kV）			交流母线短路电流（kA）				
参数	银川东	胶东	参数	水平年	银川东	水平年	胶东
额定运行电压	345	515	三相最大	2020	63	2020	63
最高稳态电压	363	525	三相最小	2020	30	2020	17.5
最低稳态电压	330	500	—	—	—	—	—
最高极端电压	363	550	—	—	—	—	—
最低极端电压	315	475	单相最大	2020	63	2020	63

四、 直流系统运行方式

直流系统从银川东换流站向胶东换流站的输送功率（即功率正送方式）可由以下方式组成：

（一） 双极运行方式

双极运行方式一般指双极平衡运行，运行中双极的直流电压和直流电流值完全相同，因此双极输送的直流功率相等，接地极中的直流电流保持在设计允许的偏差之内。

（二） 单极大地回线运行方式

单极大地回线运行方式是指单极与双极运行方式之间转换时单极的临时接线方式，极电流通过接地极进入大地，构成输电回路。单极大地回线一般使用功率控制方式，站间通信故障时使用独立电流控制，绝缘有问题时则可以降压运行。

（三） 单极金属回线运行方式

单极金属回线运行方式是指单极的长时间运行接线方式，直流电流通过另一极线路，构成输电回路，直流系统一般在逆变站接地，作为参考点位。此种运行方式的优点是直流电流不经过大地，缺点是增加一倍线路损耗。单极金属回线一般使用功率控制方式，站间通信故障时使用独立电流控制，设备或线路绝缘有问题时则可以采用降压运行。

五、 直流输电线路沿线地形地貌

±660kV 银东直流输电线路工程途经宁夏、陕西、山西、河北、山东 5 省区 43 个县（市），沿线地形地貌复杂多样。

宁夏回族自治区地处黄土高原与内蒙古高原的过渡地带，地势南高北低。从地貌类型看，南部以流水侵蚀的黄土地貌为主，中部和北部以干旱剥蚀、风蚀地貌为主，是内蒙古高原的一部分。境内有较为高峻的山地和广泛分布的丘陵，也有由于地层断陷又经黄河冲积而成的冲积平原，还有台地和沙丘。地表形态复杂多样，丘陵占 38%，平原占 26.8%，山地占 15.8%，台地占 17.6%，沙漠占 1.8%。被誉为“塞上江南”的宁夏平原，海拔为 1100~1200 米，地势从西南向东北逐渐倾斜。黄河自中卫入境，向东北斜贯于平原之上，顺地势经石嘴山出境。平原上土层深厚、地势平坦，加上坡降相宜、引水方便，可自流灌溉。

陕西省位于我国中部，是我国的内陆省之一，东西宽150~500千米，南北长约870千米，与山西、内蒙古、宁夏、甘肃、四川、湖北、河南七个省区毗邻，成为连接西北、西南的天然枢纽。全省60%的面积属于黄河流域，地貌特点是南北高，中间低，西北高，东南低，由西向东呈倾斜状。北部为黄土高原，南部为秦巴山地，中部为关中平原。陕北黄土高原东以黄河为界，南北两面以省界为限，约占全省土地总面积的45%，海拔为900~1500米。黄土高原上沟壑纵横，支离破碎，形成典型的塬、梁、峁、沟等黄土地形。关中平原又称渭河平原，南倚秦岭，北界北山，西起宝鸡峡，东至潼关，东西长约360千米，约占全省土地总面积的19%，平原海拔520米，以土地肥沃、农业发达著称，号称“八百里秦川”，是陕西的主要农业基地。

山西省是典型的黄土广泛覆盖的山地高原，地势东北高西南低，高原内部起伏不平，河谷纵横，地貌类型复杂多样，有山地、丘陵、台地、平原，山多川少，山地、丘陵面积为12.5万平方千米，占全省总面积的80.1%，平川、河谷面积仅为3.1万平方千米，占全省总面积的19.9%。全省大部分地区海拔在

1500米以上，最高点为五台山主峰北台顶（叶斗峰），海拔为3058米，有“华北屋脊”之称；最低点为垣曲县亳清河入黄河处的河滩，海拔仅为180米。与东部海拔几十米的华北大平原相对照，山西地貌呈现整体隆起的地势，在高原中部分列着一列呈雁行排列的断陷盆地，把山西高原斜截为二，东西两侧为山地和高原，东部太行山、西部吕梁山纵贯南北，使山西的地貌截面轮廓很像一个“凹”字。

河北省地处中纬度沿海与内陆交接地带，高原、山地、丘陵、盆地、平原类型齐全，从西北向东南依次为坝上高原、燕山和太行山山地、河北平原三大地貌单元，其中坝上高原属蒙古高原的一部分，地形南高北低，平均海拔为1200~1500米，面积1.5954万平方千米，占全省总面积的8.5%；山地面积9.028万平方千米，占全省总面积的48.1%，燕山和太行山山地包括中山山地区、低山山地区、丘陵地区和山间盆地四种地貌类型，海拔多在2000米以下，高于2000米的孤峰有10余座，其中小五台山高达2882米，为全省最高峰；河北平原区是华北大平原的一部分，按其成因可分为山前冲洪积平原、中部中湖积平原和滨海平原三种地貌类型，全区面积8.1459万平方千米，占全省总面积的43.4%。

山东省地形复杂，以山地和丘陵为主，东部是半岛，西部及北部属黄河平原。山地和丘陵约占全省总面积的33%，其余三分之二主要是平原。山东地形中部突起，为鲁中南山地丘陵区；东部半岛大部分是起伏平缓、谷宽坡缓的波状丘陵，为鲁东丘陵区；西部、北部是黄河冲积而成的平原，是华北平原的一部分，为鲁西北平原区。鲁中南山地丘陵区位于沂沭大断裂带以西，黄河、小清河以南，京杭大运河以东，是全省地势最高、山地面积最广的地区，主峰在千米以上的泰山、鲁山、沂山、蒙山诸山构成了全区的脊背。因诸山偏于北部，故北坡陡、南坡缓，中低山外侧地势逐渐降低，多为海拔500~600米的丘陵和山顶平坦的“方山”地形，丘陵的边缘是海拔40~70米、地表倾斜的山前平原，最后没入华北平原中。鲁东丘陵区位于沭河、潍河谷地以东，三面环海，除了海拔700米以上的崂山、昆嵛山、艾山等少数山峰耸立在丘陵地之上，其余大部分为海拔200~300米的波状丘陵，地表起伏平缓。鲁西北平原区位于河湖带以西，黄河、小清河以北，环布于鲁中南山地丘陵区西北两面，地势低平，海拔在70米左右。利津的宁海以东为现代黄河三角洲，每年向海延伸2~3千米。除了黄河三角洲与莱州湾沿岸外，滨海地貌都是以断裂上升和海积作用为主的海岸，从成山角至岚山头主要是曲折的岩石海岸。

±660kV银东直流输电线路所经区域最高海拔为1900

米，主要跨越我国地形图的第二和第三阶梯（如图1-1-4所示）。

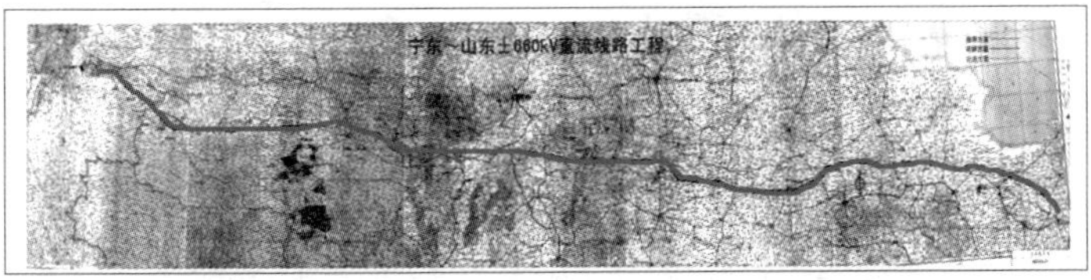

图1-1-4
±660kV银东直流输电线路工程路径图

其中，宁夏境内平均海拔在1300~1800米之间；陕西境内平均海拔在800~1300米之间；山西境内平均海拔在1000米左右；河北坝上高原平均海拔在1200~1500米之间，平原地段平均海拔为400米；山东境内以平原为主，平均海拔在100米以下。

±660kV银东直流输电线路沿线地形比例为：高山大岭7.3%，一般山地27.3%，丘陵10.4%，平地53.5%，沙漠1.5%。

±660kV银东直流输电线路先后跨越500kV线路14回次、330kV线路11回次、220kV线路47回次，跨越高速公路24次、铁路26次、等级公路127次、河流73次，完成黄河大跨越1次（如图1-1-5所示）。

综上所述，±660kV银东直流输电线路工程路径的地质条件较为复杂，地势起伏较大，沿线海拔高度变化范围较

图 1-1-5
±660kV 银东直流输电线路跨黄河塔正立面图

宽，跨越了两个冰区、三个风区，加之多次跨越输电线路、河流、铁路和公路，为本线路的运行维护工作尤其是带电作业工作带来了相当大的困难，带电作业的工具配备及运输、人员安排、作业程序、最小安全距离等，都要根据具体线路的路段情况进行部署。

第二节

带电作业发展概况

一、带电作业的概念

IEC 60050－651：1999 Electrotechnical terminology － Live

working 和 GB/T 2900. 55-2002《电工术语 带电作业》将“带电作业”这个术语定义为，“工作人员接触带电部分的作业或工作人员用操作工具、设备或装置在带电作业区域的作业”。

《中国电力百科全书》将“输电线路带电作业”这一名词定义为，“为必须不间断供电而在带电的输电线路上进行的维修工作”。换言之，“带电作业”具有两层意思：其一，电气设备包括输电线路、配电线路和变电站，必须是带电而不是停电的状态；其二，是对带电的电气设备进行检修、安装、调试、改造及测量工作的通称。

综上，带电作业是在电气设备带电的状态下进行的检修、安装、调试、改造及测量工作，它有别于一般情况即停电状态下的检修、安装、调试、改造及测量工作。当电气设备处于带电的状态下，作业人员必须在带电作业区域内进行工作，而带电的电气设备所产生的电场、磁场以及电流可能会对作业人员的身体产生严重影响。因此，必须采取有效的防护措施，才能确保带电作业人员的人身安全。这一点正是带电作业与一般作业的最大区别。

带电作业人员必须经过专门训练、使用特殊工具、按照科学的程序作业，保证人体与带电体及接地体之间不形成危及人身安全的电气回路，同时必须采取针对强电场的防护措施，为作业人员提供无害和良好的工作环境。因此，带电作业人员可以安全地在带电的电气设备上进行各种检修、安装、调试、改造及测量工作。

带电作业的产生源于生产实践的需要，但带电作业的发展离不开理论的指导和科学的实践，世界各国带电作业的创建和发展历史无一例外地证实了理论和实践相结合的重要性。带电作业技术需要研究高压静电场、直流离子流电场、电磁感应、静电屏蔽以及人体在电场、磁场和电流的影响下的生理反应和各类阈值，同时需要重点研究各种安全作业方式和作业人员防护措施。所有带电作业的科学研究成果和生产实践经验必须经过去粗存精、去伪存真，不断总结提高的过程，才能编制成相应的标准，更好地指导带电作业的科学研究和生产实践活动。

二、 带电作业的范围及内容

（一） 带电作业的范围

带电作业的范围包括发电厂/变电所（站）电气设备、架空输电线路、配电线路和配电设备作业。带电作业技术的发展，首先从配电线路开始，然后发展到输电线路，再向变电所（站）延伸。带电作业的电压等级也是由低到高，先是配电线路，然后到高压输电线路，再发展到超高压输电线路，最终发展到特高压输电线路。带电作业的类别则是由交流到直流逐渐发展并成熟起来的。

（二） 带电作业的内容

1. 输电线路

（1）在导线上开展的项目

①带电校紧金具螺栓、补装销钉

②带电修补、压接导线

③带电更换间隔棒

④带电更换防振锤

⑤带电摘除导线搭挂异物

（2）在直线塔上开展的项目

①带电更换直线塔绝缘子串

②带电清扫，水冲洗绝缘子

（3）在耐张塔上开展的项目

①检测不良绝缘子

②带电更换单片瓷（玻璃）绝缘子

③带电更换整串瓷（玻璃）绝缘子串

④带电处理耐张线夹发热

2. 变电所（站）

①测试更换隔离开关和避雷器

②测试变压器温升、介质损耗值

③检修断路器

④滤油、加油

3. 其他带电作业

①带电校紧避雷线金具螺栓、补装销钉

②带电修补、压接避雷线

③带电更换避雷线防振锤

④带电摘除避雷线搭挂异物

三、 带电作业的意义

（一） 保证不间断供电

带电作业无须设备停电，可保证对用户连续供电，不影响电网的经济运行方式，是降损节电的有效措施之一。过去，只要电气设备发生故障，哪怕是线路上的一片绝缘子损坏，也需要停电更换，众多用户用电受影响。带电作业技术出现以后，可以及时消除设备缺陷或者异常，减少停电检修次数与时间，提高了电网供电的可靠性，满足了用户对用电稳定性的要求，保证了供电的可靠性和连续性。

（二） 加强检修的计划性

停电检修与用户用电是相冲突的，每次停电时间有限，且不能经常停电进行检修，因此，停电检修大多是集中地、不均衡地突击进行，每次检修时需要处理的缺陷多、集中劳动力多。推行带电作业技术后，设备检修不再受时间限制，作业人员可以充分做好一切准备工作，提高了检修的计划性，保证了检修质量。

（三） 避免事故发生

带电作业能避免误操作事故、误登有电设备事故。误操作事故主要发生在复杂的倒闸操作中，误登有电设备事故常发生在多回线路一回线路停电作业中，而带电作业不存在此类事故发生的环境和条件，能够提高安全生产水平。

四、 国外带电作业发展史

目前，世界上已有 80 多个国家开展了带电作业的研究与应用，其中美国、中国、苏联、日本、加拿大、法国、英国、德国、瑞士、比利时、意大利及澳大利亚等 40 多个国家已广泛应用带电作业技术。

（一） 美国的带电作业发展史

美国是世界上最早开展带电作业的国家。早在 1923 年，美国人就开始在 34kV 配电线路上探索进行带电作业。当时使用的是木质操作棒，采用地电位方法进行作业。干燥的木质棒的绝缘性能良好，完全能够耐受相对地电压。尽管当时制造的作业工具粗糙且笨重，但毕竟开创了带电作业的先河。

之后，美国的带电作业仅在 22kV 和 34kV 配电线路上进行。直到 1930 年，美国才出现了 66kV 输电线路上的新项目。随着新型绝缘材料尤其是环氧玻璃纤维绝缘材料的问世，20 世纪 50 年代末期，美国开始采用环氧玻璃纤维绝缘材料制成的带电作业工具，并陆续开始在 345kV、500kV 和 765kV 超高压线路上进行带电作业，这期间一直采用地电位作业方法。

1960 年，美国率先进行试验研究并实现了等电位作业方法，但该方法在长达十几年的时间里一直处于试验研究阶段，直到 1978 年才在美国全国范围内推广。目前，美国已经在 765kV 及以下各个电压等级的线路上广泛开展带电作业，并进行了 1000kV 特高压人体接触带电体的试验。

（二） 日本的带电作业发展史

日本的带电作业始于 20 世纪 40 年代初期，引进了美国带电作业技术的方式，然后消化吸收，再创造自己的特点。日本最初的带电作业工具和作业项目几乎与美国一模一样。1962 年，日本开始在 220kV 输电线路上开展带电作业，到了 1972 年就已经能在 500kV 超高压输电线路上自由进行带电作业了。

日本在配电线路上开展的带电作业最具特色，开发的配电带电作业工具不仅门类繁多，而且系列和规格齐全，尤其是防护用具和遮蔽用具能够适用于各个配电电压等级。

日本的带电水冲洗装置和水冲洗方法在世界上居于先进水平。日本的大多数变电站甚至 500kV 变电站，都安装有固定水冲洗装置；清扫输电线路绝缘子串的清洗工具就有 40

余种，其中仅清扫500kV长串耐张绝缘子串的自动清洗机都有数种之多。

（三）苏联的带电作业发展史

苏联于20世纪50年代初期开展带电作业的试验研究。1955年前后，开始在35kV～110kV木杆线路上更换直线木杆和耐张杆木横担。1970年前后，成功研究了采用绝缘水平梯进入高电位的等电位作业方法，应用于220kV及以下的线路上。之后十余年，苏联的带电作业发展缓慢，直到成功建设了1150kV特高压输电线路后，才逐渐将带电作业推广到330kV、500kV、750kV超高压输电线路和1150kV特高压输电线路上。

（四）欧洲国家的带电作业发展史

法国自1960年以来就成立了带电作业技术委员会和带电作业试验研究所，由国家培训中心负责进行带电作业的培训。70%的输电线路运行维护工作和80%的超高压线路运行维护工作，都是通过带电作业完成的。

德国从1971年开始采用带电作业，目前从配电线路到超高压送电线路，都开展了带电作业项目。

在意大利、丹麦等国，也都设有专门的带电作业培训机构进行专业的带电作业培训。

五、 我国带电作业发展史

我国的带电作业技术起步于20世纪50年代，当时正处于国民经济恢复和发展的初期。由于发电量迅速增长、供电设备明显不足、大工业用户对连续供电的要求日益严格，常规的停电检修受到了限制。当时，我国最大的钢铁基地鞍山的停电作业尤为困难。为解决线路要检修而用户又不能停电的矛盾，当时被称为“不停电检修技术”的带电作业技术应运而生。

1953年，鞍山电业局的工人开始研究带电清扫、更换和拆装配电设备及引线的简单工具。

1954年，采用类似桦木的木棒制成作业工具，完成了3.3kV配电线路不停电更换横担、木杆和瓷瓶的项目。尽管工具显得十分笨重粗糙，但仍成功地进行了3.3kV配电线路的地电位带电作业，这也是我国第一次实现带电作业。

1956年，进一步发展到带电更换44kV~66kV的木质直线杆、横担和绝缘子。

1957年10月，东北电业局设计了第一套220kV高压输电线路带电作业工具，并成功应用于220kV高压输电线路的带电作业中。同时，3.3kV~33kV木杆和铁塔线路的全套检修工具也得到了改进和完善。这就为各级电压线路推行不停电检修，奠定了物质和技术基础。

1958年，当时的沈阳中心试验所开始了人体直接接触导线检修的试验研究，在学习国外经验的基础上，解决了高压电场的屏蔽问题，并在试验场成功地进行了我国第一次人体直接接触220kV带电导线的等电位试验，首次在220kV线路上完成了等电位作业和修补导线的任务。这次等电位带电作业的试验成功，开创了中国带电作业的新篇章。从此，等电位带电作业技术在中国带电作业中得到了广泛的应用。

1959年前后，鞍山局又在3.3kV~220kV户外输配电装置上，研究出了一套不停电检修变电设备的工具和作业方法。至此，中国带电作业技术已发展成为3.3kV~220kV包括输电、变电、配电三方面的综合性检修技术。

1960年，辽吉电管局制定了《高压架空线路不停电检修安全工作规程》，成为我国第一部具有指导性的带电作业规程，标志着我国带电作业已步入正轨。在此期间，全国范围内的不停电检修工作从单纯的技术推广阶段转入结合本地区具体条件和生产任务创新发展的阶段；检修方法除了间接作业和直接等电位作业外，又向水冲洗、爆炸压接等方向迈进；检修工具从最初的支、拉、吊杆等较笨重的工具转向轻便化、绳索化，具有东方特色的绝缘软梯和绝缘滑车组也得到了广泛的应用；作业项目向更换导线、架空地线、移动杆塔和改造塔头等复杂项目进军。

1964年11月，天津举行了带电检修作业表演，对在全国范围内推广带电作业新技术产生了积极的促进作用。

1966年，原水利电力部生产司在鞍山召开了全国带电作业现场观摩表演大会，标志着全国带电作业发展到普及阶段，同时也推动着带电作业向更新更深的领域发展。

1968年，鞍山电业局成功试验沿绝缘子串进入220kV强电场的新方法。采用这些方法在具备一定条件的双联耐张绝缘子串上更换单片绝缘子很方便，因而很快被推广到全国。

1973年，原水利电力部在北京召开了第二次全国带电作业经验交流会。这次会议的技术组提出了带电作业安全技术专题的讨论稿，为制定全国性带电作业规程奠定了技术基础。

1977年，原水利电力部将带电作业纳入安全工作规程，进一步肯定了带电作业技术安全性。同年，我国带电作业开始与国际对接，参加了国际电工委员会带电作业工作组的活动，成立了IEC/TC78标准国内工作小组，从事带电作业有关标准的制定工作。

1979年，我国开始建设500kV电压等级的输变电工程，有关单位相应开展了500kV电压等级的带电作业研究工作。此后不久，500kV带电更换直线绝缘子串、更换耐张绝缘子串、修补导线等工作方法和工器具都已研制成功，并进入实施阶段。

1984 年 5 月，中国带电作业标准化委员会成立。

2000 年，华北电网有限公司首次研究实现了 500kV 紧凑型线路带电作业。

2004 年，国家电网公司在沈阳举办了带电作业 50 周年庆祝大会，国内新老专家、各省带电作业专责人会聚一堂，原武汉高压研究院、华北电网有限公司、上海电力公司、东北电网公司分别作了带电作业专项科研成果汇报等发言，鞍山供电公司作了 10kV 配电线路带电作业表演。

2005 年，华北电网有限公司首次研究实现了 220kV 紧凑型线路带电作业。

2007 年，华北电网有限公司又研究实现了 500kV 线路直升机带电作业，这一成果达到了国际领先水平。

2006~2009 年，上海市电力公司、北京市电力公司研究并实施了 10kV 配电线路完全不停电作业法。

2008 年，国家电网公司组织了新中国成立以来最大规模的 220kV、500kV 输电线路带电作业比武竞赛。国家电网公司下属地市级以上供电单位均参与了不同级别的竞赛，带电作业工作得到了更广泛的交流和发展。

2008~2009 年，西北电网研究实施超高压交流 750kV 线路带电作业。湖北、河南等省份开始研究实施特高压交流1000kV线路带电作业和特高压直流±800kV输电线路带电作业。

2009年底，国家电网公司规范了带电作业培训工作，对带电作业培训基地开展认证工作。只有被国家电网公司批准的带电作业实训基地方可进行带电作业人员培训考核发证，被批准带电作业实训基地核发的带电作业证件才是唯一合法有效证件。没有被批准的各级培训单位只能进行周期内的考核培训，不能核发带电作业证件。

2011年，山东电力集团公司顺利完成了世界首次±660kV直流等电位带电作业。中央电视台《新闻联播》《新闻直播间》、山东电视台、新华社等各大媒体现场报道了这场世界首个±660kV电压等级的等电位带电作业。

随着我国经济、技术的快速发展，我国的带电作业技术会有更为广阔的发展前景。

第三节

带电作业基本原理

进行带电作业时，作业人员在设备带电条件下工作，存在着较大的危险因素。通过了解并掌握带电作业的工作原理，能够有效控制作业中的风险，对带电作业人员安全、高效地开展工作具有指导作用。

一、 高压电场及静电感应

（一） 高压电场

进行带电作业时，作业人员在设备带电条件下工作，高压带电体周围会产生高压电场，电场的特性、强弱、变化等都深刻地影响着作业人员。因此，研究高压电场的基本特性和变化，是对在不同工况中工作的带电作业人员进行电场防护的需要。

1. 电场的基本特性

电场是电荷及变化磁场周围空间里存在的一种特殊物质，相对于观察者为静止的且其电量不随时间而变化的电场为静电场。

直流电压下两电极之间的电场就是静电场。在工频电压下，两电极上的电量将随时间变化，两极之间的电场也将随之变化。但其变化的速度相对于电子运动的速度而言是相对缓慢的，且电极间的距离也远小于相应的电磁波波长，因此对于任何一个瞬间的工频电场，都可以近似地按静电场考虑。

电场的特性是对电荷有作用力。将一个静止电荷引入电场中，该电荷就会受到电场力的作用。电场的强弱常用电场强度（简称场强）来描述。电场强度是电荷在电场中所受到的作用力与该电荷所具有的电量之比，以 E 表示。电场强度是一个矢量，具有方向性。

$$E = F/q \tag{1-3-1}$$

电场强度的单位为 N/C 或 V/m，1N/C = 1V/m。

电荷之间的电场分布图如图 1-3-1 所示。图（a）是同性电荷的电场图形，图（b）是异性电荷的电场图形。

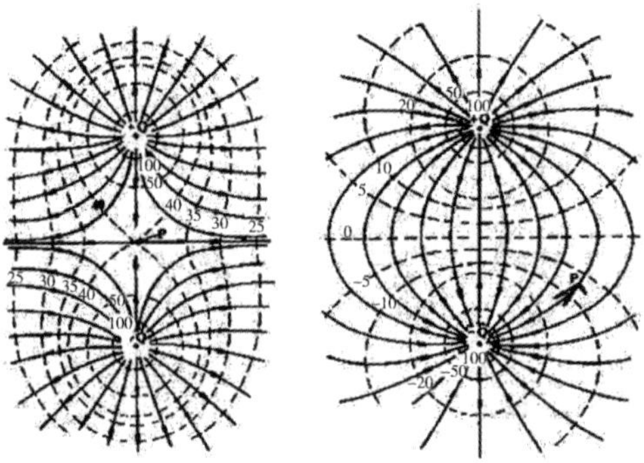

(a)　　　　　　　　(b)

(a)同性电荷的电场　　　（b）异性电荷的电场

图 1-3-1
电荷之间的电场分布图

从图 1-3-1 中可以看出，在任一电场中，电场线上任何一点的切线方向与该点电场强度方向一致，电场线从正极出发，到负极终止。电场线垂直于电极的表面，任何两条电场线都不会相交。电场线的疏密程度表示了电场的强弱。

2. 均匀电场与非均匀电场

对于不同的带电作业来说，现场环境和带电设备布局的不同、带电作业工具和作业方式的多样、人员在作业过程中与带电体的相对位置不断变化，使带电作业中的高压电场具有各自的特点，这就需要了解带电作业各种工况中电场的变化和特征。

按电场的均匀程度可将静电场分为均匀电场、稍不均匀电场和极不均匀电场三类。

在均匀电场中，各点的场强大小与方向都完全相同。例如，在极间距离比电极尺寸小得多的情况下，一对平行平板电极之间的电场就是均匀电场（电极边缘部分除外）。均匀电场中各点的电场强度 E 为：

$$E = U/d \qquad (1-3-2)$$

式中：

U—施加在两电极间的电压，kV

d—平板电极间的距离，m

带电作业人员在带电作业过程中，与带电设备组成的主要电极结构有：导线—人与构架、导线—人与横担、导线与人—构架、导线与人—横担、导线与人—导线等。无论是在输电线路还是在变电站进行带电作业，带电作业人员实际上都处于非均匀电场即稍不均匀电场和极不均匀电场之中。

在不均匀电场中，各点场强的大小或方向不同。根据电场分布的对称性，不均匀电场又可分为对称型分布和不对称型分布两类。在极不均匀电场中，一般以［棒—板］电极为典型的不对称分布电场，以［棒—棒］电极为典型的对称分布电场。

由于不均匀电场中各点场强随电极形状与所在位置而变化，通常采用平均场强 E_{av} 和电场不均匀系数 f 予以描述。电场不均匀系数 f 是最大场强与平均场强的比值，即：

$$f=E_{max}/E_{av} \tag{1-3-3}$$

稍不均匀电场与极不均匀电场之间没有十分明显的划分，对于空气介质，通常以 $f=2$ 为分界线。当 $f<2$ 时，可以认为是稍不均匀电场；当 $f>2$ 时，逐渐向极不均匀电场过渡；当 $f>4$ 时，则认为是极不均匀电场。

电场的不均匀程度与电极形状、极间距离有关。在电极形状相同的条件下，极间距离增大时，电场的不均匀程度随之增加。例如，两个金属圆球间的电场，当极间距离相对球的直径而言较小时，是稍不均匀电场；当极间距离增大时，电场的不均匀程度逐渐增大，最后成为极不均匀电场。

对于空气介质，判断电场的不均匀程度可由间隙击穿前在高压电极周围是否发生电晕为依据。击穿前没有电晕现象为稍不均匀电场，击穿前发生电晕现象则为极不均匀电场。

3. 电场的畸变

自导线至地面的空间电场分布极不均匀。图 1-3-2 是根据单根导线平行地面架设的最理想状态按理论计算出的电位分布情况。对地高度与电场强度之间存在指数函数关系，因此靠近导线附近 3%~9%的区域是高电位区，其相应的场强分布规律是相同的。例如，距导线 1.5m 处场强为12kV/cm（当 u=127kV 时），距导线 0.2m 处场强却高达84kV/cm，而地面上 1.5m 处场强只有 3.4kV/m。

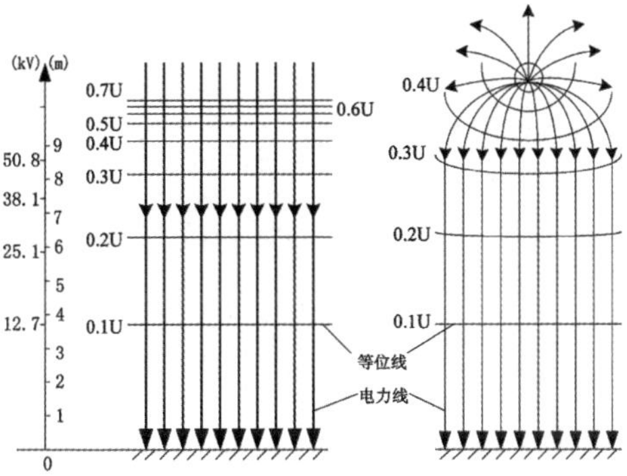

图 1-3-2
带电导线的电力线和等位线图

在作业人员未进入带电作业区域即场强分布区域时，如图 1-3-2 所示，电力线是均匀的。而一旦人体进入场强分布区域，由于人体（人体是导体）占据了空间位置，电场便发生了畸变。

（1）人体在地面上的电场畸变

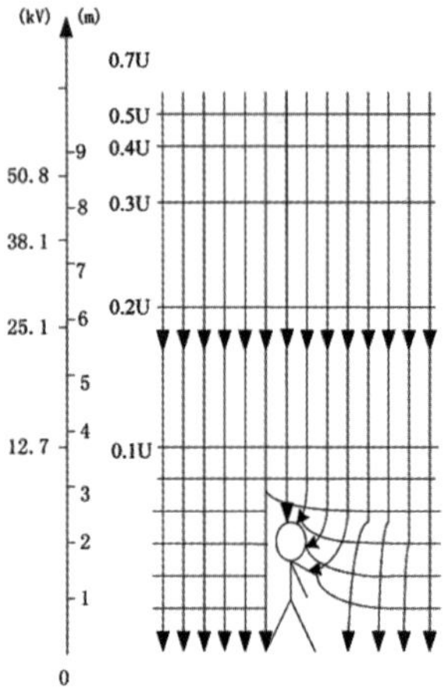

图 1-3-3
人体位于地面时引起的电场畸变

图 1-3-3 是根据静电场中作图法的基本法则按一定比例绘制而成的人体位于地面时的体表场强及周围电位分布图，展示了人体进入外界电场后的电场畸变状态。此时，一部分电力线射向人体，在距人体表面稍远的地方，电力线会弯曲，最终射向地面。电力线的变化反映到等位线上也会相应地变形，在人体上方，电力线密度增大，表示场强增强。

如图 1-3-3 所示，导线距地面 10 米高。人体未进入电场前，1.8 米高度处的场强为 3.54kV/m；人体进入电场后，头顶的场强可达 63～77kV/m。头顶对整个身体而言是凸出的尖端，落在头顶的电力线多、密度大、场强变高。因此，沿电场纵向的人体凸出部位的体表场强一定最高，而接触地面的部位的体表场强最低。

（2）人体在导线与地面间的电场畸变

图1-3-4是作业人员在进入等电位、向带电体运动的过程中，人体处于导线与地面间空间时的电位分布图。此时，人体上部接受来自导线的电力线，而下部脚跟等末端却向地面发出电力线。等位线发生两种弯曲，头顶上部向上凸出，脚下向下凸出。头顶和脚跟的电力线的密度较大，其他部位有少量电力线射向人体或由人体发出，但密度较低。因此，人体位于电场空间时，沿电场纵向的人体凸出部位的体表场强较高，其他部位的体表场强则不会太高。

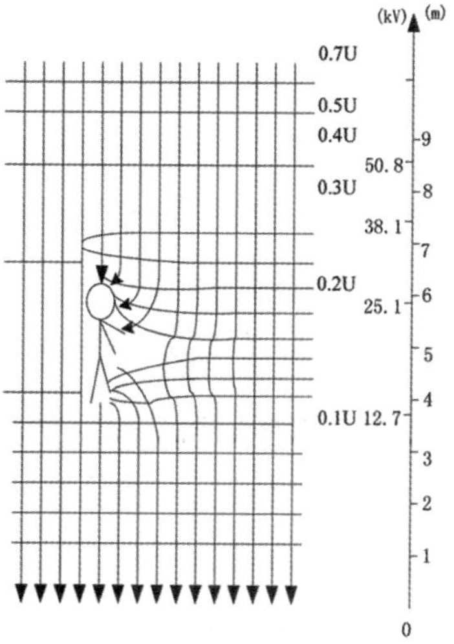

图 1-3-4

人体位于电场空间时引起的电场畸变

（3）人体在进入等电位过程中的电场畸变

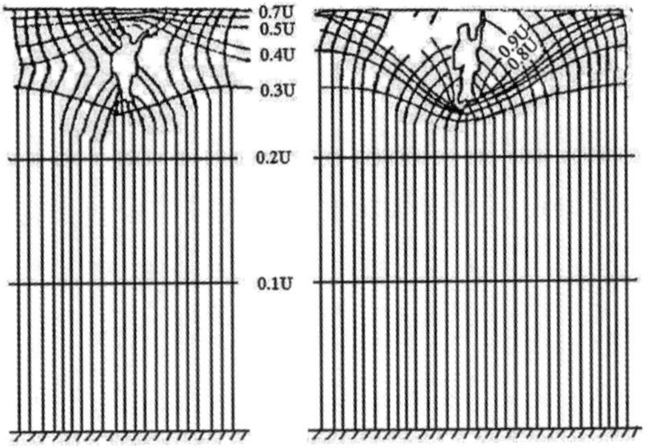

(a)人体进入等电位前　　（b）人体进入等电位后

图 1-3-5
人体进入等电位过程时的电位分布及电场畸变图

图 1-3-5 是人体接近导线附近等电位前一瞬间及进入等电位后的电位分布图。转移电位（进入或脱离高电位）前的一瞬间，由于导线附近场强较高，人体介入所引起的电场畸变使上举的手指尖与导线间的空气间隙的平均场强进一步加强，并随手的不断上移而快速升高。当其强度达到空气的临界击穿强度（E_c = 25 ~ 30kV（幅值）/cm）时，空气间隙就会被击穿，从而导致放电发生。放电前的最后一瞬间，手指尖的体表场强达到最高值。放电前一瞬间的空气间隙长度即火花放电距离 S_{fo}。放电发生后，随着人体不断逼近导线，放电也持续不断，直到手完全握住导线、空气间隙消失，放

电才会停止。

人体一旦与导线电位相等，电场图形将从图1-3-5（a）变为图1-3-5（b），原先许多由导线表面发出的电力线，马上改由人体的足尖发出。此时，足尖的电力线密度最大，也即体表场强最高。人体头部只要不超过导线，其体表场强就是较低的，甚至人体附近那段导线的表面场强也会降低，这是人体的屏蔽作用产生的结果。

（二） 静电感应

在高压、超高压和特高压输电线路以及变电站进行带电作业时，静电感应可能会导致人体遭受电击而危及作业人员的生命。因此，静电感应的物理参量、影响特征、防护措施等，是带电作业技术研究的重点。

1. 静电感应产生的物理现象

直流电场是典型的静电场。工频交流电场则是一种缓慢变化的电场，也可以视为静电场，因此，在工频电场中也存在静电感应问题。

当导体处于电场中，表面会产生感应电荷，感应电荷形成的电场与原来的电场叠加，使原来的电场产生畸变。由电场的计算可知，导体所引起畸变部分的电场将增大。导体的曲率半径越小，其表面的电场强度增大越多。例如，在实测电场中人体表面场强时，人的鼻尖、手指尖、脚尖等部位的体表场强都比人体其他部位的体表场强高得多。

2. 表征静电感应的物理量

（1）电场强度（E）

由于静电感应是由电场引起的，为了便于描述输电、变电设备周围静电感应的水平，通常采用电场强度（E）这一物理量。

（2）感应电压（U_i）

在带电体周围的电场中，对地绝缘的导体因静电感应产生的感应电压值和导体的电压、导体的尺寸与几何形状、导体与带电体之间的电容、导体与接地体之间的电容等因素有关，可以根据电容分压原理求出导体上的感应电压 U_i 为：

$$U_i = U \cdot \frac{C_1}{C_1 + C_0} \qquad (1\text{-}3\text{-}4)$$

式中：

U—带电体上的电压，kV

C_1—导体与带电体之间的电容，pf

C_0—导体与接地体之间的电容，pf

（3）感应电流（I_i）

地面上的人在电场中，因静电感应产生流经人体而入地的感应电流 I_i，可以近似地由下式表示：

$$I_i = U \cdot jwC_1' \qquad (1\text{-}3\text{-}5)$$

式中：

U—带电体上的电压，kV

C_1'—人与带电体之间的电容，pf

人与带电体之间的电容很小，因此，流经人体的感应电流极小，通常都为微安级。

二、 带电作业中的过电压及绝缘配合

虽然带电作业是间歇性的工作状态，但由于直接涉及作业人员的人身安全，对作业安全的要求较高，应对带电作业的环境及条件考虑周全，一方面需要考虑一般工作状态，另一方面需要考虑带电作业期间可能发生的各种不利状况，以提高带电作业的安全可靠性，避免发生安全事故。因此，研究过电压水平和限制措施、绝缘配合的原则和方法，是带电作业技术研究的又一重要内容。

考虑带电作业中的过电压和绝缘配合时，原则上应有别于电气装备的长期工作状态，应根据带电作业的实际工况留有足够的安全裕度。

（一） 带电作业中的过电压

1. 过电压的类型

过电压分为内部过电压（操作过电压、暂时过电压）和外部过电压（主要是雷电过电压）两种类型。

一般将内部过电压幅值与系统最高运行相电压幅值之比

称为内部过电压倍数 K_0。K_0 与电网结构、系统中各元件的参数、中性点运行方式、故障性质及操作过程等因素有关，并具有明显的统计性。

（1）操作过电压

操作过电压是由系统内的正常操作、切除故障操作或因故障（弧光接地等）所造成的过电压。操作过电压的特点是幅值较高，持续时间短，衰减快。操作过电压的大小是确定带电作业安全距离的主要依据。

电力系统中常见的操作过电压包括：中性点绝缘电网中的间歇电弧接地过电压、开断电感性负载（空载变压器、电抗器、电动机等）过电压、开断电容性负载（空载线路、电容器组等）过电压、空载线路切合（包括重合闸）过电压以及系统解列过电压等。

①间歇电弧接地过电压

单相电弧接地过电压只发生在中性点不直接接地的电网中（一般 10kV 系统都是中性点不直接接地），发生单相接地故障时，流过中性点的电容电流就是单相短路接地电流。当电网线路的总长度足够长、电容电流很大时，单相接地弧光不容易自行熄灭，但又不太稳定，会出现熄弧和重燃交替进行的现象即间歇性电弧，这时过电压会比较严重。因此，一相接地多次发生电弧，不但会使另两相短路接地，还会引起另两相对地电容的振荡。从理论上来说，如果间歇电弧一直发生，过电压就会达到很高，然而实际上，每次发弧不一定都在幅值，还会有其他损耗衰减，所以一般不会超过 $3U_{xg}$（U_{xg}为相—地电压），个别能达到 $3.5U_{xg}$以上。

②开断电感性负载过电压

进行切断空载变压器、电抗器、电动机、消弧线圈等电感性负载的操作时，储存在电感元件上的磁能要转化为电场能量（$\bar{W}=\frac{1}{2}L_i^2$），而系统又无足够的电容来吸收磁能，并且开关的灭弧性太强，在时间趋近于零（$t\to 0$）时，激磁电流变化率趋近于无穷大（$\frac{di_0}{dt}\to\infty$），将在激磁电感（L）上感应到过电压趋近于无穷大（$U_l=-L\frac{di}{dt}\to\infty$）。在中性点不直接接地的电网中，一般不大于 $4U_{xg}$；在中性点直接接地的电网中，一般不大于 $3U_{xg}$，其过电压倍数和断路器结构、回路参数、变压器结构接线、中性点接地方式等因素有关。

③空载线路切合（包括重合闸）过电压

切合电容性负载，如空载长线路（包括电缆）和改善系统功率的电容器组，由于电容的反向充放电，使断路器触头断口间发生了电弧的重燃。这是因为纯电容电流在相位上超前电压90°，过 1/4 周期电弧电流经 0 点时熄灭，但此时电压正好达到最大值，若开关断口弧隙的绝缘尚未恢复正常，电容电荷充积断口（$U=U_{xg}$），再经过半周期，电压反向达到最大值（$U=2U_{xg}$），并伴随高频振荡过程。按每重燃一次增加 $2U_{xg}$ 来计算，理论上过电压将按 3、5、7、9 倍相电压增加，而实际上过电压只有 $3U_{xg}\sim4U_{xg}$。因为如果断路器灭弧性能好、断口绝缘恢复快，则不一定全部重燃，而且每次重燃时也不一定是电压最大值时。此外，母线有多条时比只有一条时的过电压小一些，线路上也有电晕和电阻损耗起阻尼作用。一般中性点直接接地或经消弧线圈接地的系统过电压不大于 $3U_{xg}$，中性点不接地系统过电压的最大值达 $3U_{xg}\sim3.5U_{xg}$。

（2）暂时过电压

暂时过电压又称短时过电压，包括工频电压升高和谐振过电压。

①工频电压升高

工频电压升高的幅值不大，但持续时间较长、能量较大，在考虑带电作业绝缘工具的泄漏距离时常以其为依据。

造成工频电压升高的原因主要有不对称接地故障、发电机突然甩负荷、空载长线路的电容效应等。不对称接地故障是线路常见的故障形式，其中以单相接地故障为最多，引起的工频电压一般来说也最严重。对于中性点绝缘的系统，单相接地时非故障相的对地工频电压可升高到 1.9 倍相电压；

对于中性点接地的系统，则可升高到1.4倍。

②谐振过电压

电网系统内一系列电气设备（线路、变压器、发电机等）组成复杂的电感、电容振荡回路，在正常的情况下，由于负载的存在或线路两端与系统电源连在一起，自由振荡不可能发生。在操作或故障时，不对称状态下（如断线、非全相拉合闸、PT饱和等），适当的参数组成了共振回路（$WL=\frac{1}{WC}$），激发了很高的过电压，当电路固有自振频率与外加电源频率相等（$f_0=f$，即$\frac{1}{2\pi\sqrt{LC}}=\frac{W}{2\pi}$），或成简单分次谐波，电路中就出现了电压谐振。

常见谐振过电压有参数谐振、非全相拉合闸谐振、断线谐振等。谐振过电压事故是发生最频繁的事故，在35kV～330kV电网中都有可能会发生，虽然一般不会大于$3U_{xg}$，但由于持续时间比较长，会严重影响系统安全运行。

（3）雷电过电压

①感应雷电过电压

雷云接近输电线路上空时，在架空输电线路上将感应出与雷云电荷量相等但极性相反的电荷，称为束缚电荷。当雷云对地放电时，由于云中电荷很快中和，束缚电荷被释放，在输电线路上感应出极性与雷电流相反的过电压。架空线上的感应雷过电压的波形及其幅值与导线、雷电流参数等多个因素有关。由于三相导线与雷击点距离基本相等，三相架空线上的感应雷过电压极性相同、波形相似、幅值相近。

②反击雷电过电压

雷电流击中输电杆塔塔顶时，大部分雷电流沿杆塔流入大地，由于杆塔、避雷线波阻抗及接地电阻的存在，雷电流流过杆塔进入大地时，会在杆塔上产生很大的压降，使塔顶、横担的电位陡升。当绝缘子串两端所承受的电位差超过其冲击闪络电压时，绝缘子串发生闪络，导致输电线路发生接地故障（如图 1-3-6 所示）。

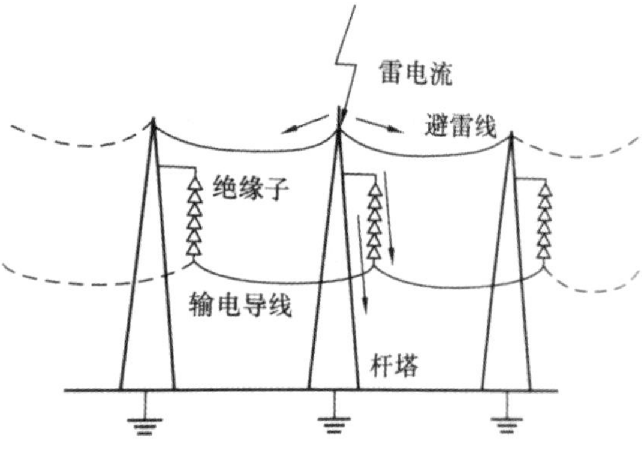

图 1-3-6
反击雷电过电压示意图

③绕击雷电过电压

雷电流直接击中输电导线时，由于大量雷电流注入，导致输电线路对地电压陡升。当绝缘子串两端承受的电位差大于绝缘子串冲击闪络电压时，绝缘子串发生闪络，导致其通过杆塔对地放电（如图 1-3-7 所示）。

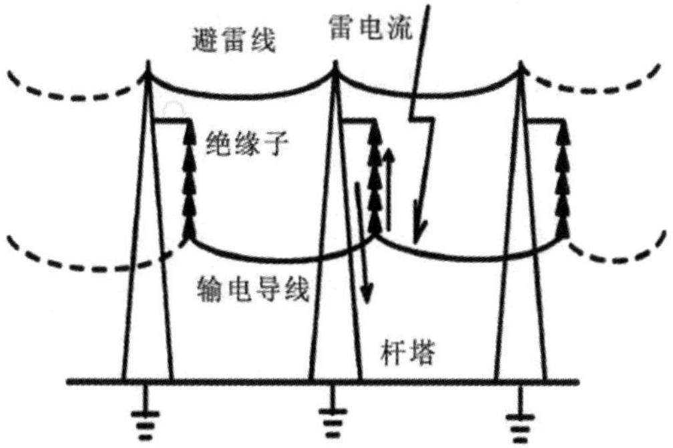

图 1-3-7
绕击雷电过电压示意图

2. 作用电压的类型

电气设备在运行中可能受到的作用电压有正常运行条件下的工频电压、暂时过电压（包括工频电压升高）、操作过电压与雷电过电压。

《国家电网公司电力安全工作规程（线路部分）》中规定："如遇雷电（听见雷声、看见闪电）、雪、雹、雨、雾等，不准进行带电作业。”进行带电作业时，除了不必考虑雷电过电压外，正常运行条件下的工频电压、暂时过电压（包括工频电压升高）与操作过电压的作用均应仔细考虑。

在正常运行条件下，工频电压会发生某些波动，且系统中各点的工频电压并不完全相等，即网络中的点各不相同，系统中的“长线容升效应”会使某些点的电压比系统的标称电压高，但所有相关标准都规定了系统中各点的工频电压不得超过设备最高电压。由于各个电压等级下的电压升高系数不完全一样，一般 220kV 及以下电压等级的电压升高系数为 1.15（66kV 的为 1.1），330kV 及以上电压等级的电压升高系数为 1.1（750kV 的为 1.067，±500kV 直流系统的则为 1.03），即设备最高电压与系统标称电压之比大约是1.03~1.15。

带电作业一般会停用重合闸，在这种工况中，不考虑线路重合闸过电压（在前文所述的操作过电压类型中，带电作业均不考虑线路重合闸过电压）；带电作业没有停用重合闸时，则应考虑线路重合闸过电压。因此，带电作业时电力系统的运行状况是带电作业进行绝缘配合和安全防护的重要依据。

（二） 带电作业中的绝缘配合

1. 带电作业中的绝缘类型

带电作业绝缘工具、装置和设备的绝缘一般可分为两类：自恢复绝缘和非自恢复绝缘。

严格来说，带电作业中除塔头空气间隙、组合间隙为自恢复绝缘之外，一般带电作业绝缘工具、装置和设备的绝缘均为非自恢复绝缘，如绝缘操作杆、绝缘支拉吊杆、绝缘硬梯、绝缘软梯、绝缘托瓶架、绝缘斗臂车的绝缘臂、带电清扫机的绝缘支架等。

当绝缘外表面为空气时，固体绝缘的沿面发生火花放电后，绝缘能自动恢复。也就是说，发生在自恢复绝缘中的破坏性放电能自恢复，发生在固体绝缘内部的放电则为不可逆的绝缘击穿。由此可以认为，绝缘操作杆、绝缘支拉吊杆、绝缘硬梯、绝缘软梯、绝缘托瓶架、绝缘斗臂车的绝缘臂、带电清扫机的绝缘支架等带电作业绝缘工具、装置和设备，是由自恢复绝缘和非自恢复绝缘组成的复合绝缘。

2. 绝缘耐受能力

对绝缘操作杆、绝缘支拉吊杆、绝缘硬梯、绝缘软梯、绝缘托瓶架、绝缘斗臂车的绝缘臂、带电清扫机的绝缘支架等带电作业绝缘工具、装置和设备进行绝缘试验时，在50%放电电压下可能是非自恢复的，而在额定耐受电压下是自恢复的，不允许发生任何闪络放电。这是因为进行50%放电电压试验时所施加的电压值较高。例如，进行带电作业空气间隙的50%放电电压试验时，通常会施加40次试验电压，其中约有20次闪络放电。因此，对空气间隙、组合间隙的绝缘等自恢复绝缘，应进行50%的破坏性放电试验，而对带电作业用工具、装置和设备绝缘等自恢复与非自恢复的混合型复合绝缘，应进行15次冲击耐压试验。

3. 作用电压与耐受电压之间的配合

在3kV~220kV电压范围内的带电作业用工具、装置和设备，其基准绝缘水平是按额定雷电冲击耐受电压和额定短时工频耐受电压定出的，能够满足正常运行电压和暂时过电压的要求。因此，对3kV~220kV电压范围内的带电作业用工具、装置和设备只需进行短时工频电压试验，时间为1分钟，不规定操作冲击耐受试验。

在330kV~750kV电压范围内的带电作业用工具、装置和设备，需进行两种类型电压的试验。第一，需进行较长时间的工频电压试验（产品的型式试验的持续时间为5分钟、绝缘的预防性试验为3分钟），因为在这一电压范围内，绝缘应考虑暂时过电压的幅值及持续时间，同时应考虑内绝缘的老化及外绝缘耐受污秽性能的适应性。第二，需进行操作冲击电压试验，对空气间隙、组合间隙的绝缘等自恢复绝缘进行50%的破坏性放电试验，对带电作业用工具、装置和设备绝缘等自恢复与非自恢复的混合型复合绝缘则进行15次冲击耐压试验，不允许发生任何闪络放电。这与一般电气设备的15次冲击耐压试验、允许不超过2次闪络放电的规定有较大不同，原因是带电作业直接涉及人身安全，安全要求相应提高，即对15次冲击耐压试验的耐受概率要求更高。

4. 绝缘配合方法的选择

绝缘配合方法有确定性法（惯用法）、统计法和简化统计法。

（1）确定性法（惯用法）

惯用法是目前采用最为广泛的绝缘配合方法，其基本出发点是使带电作业间隙或工具的最小击穿电压值高于系统可能出现的最大过电压值，并留有一定的安全裕度。这种绝缘配合方法类似于给出一定的安全系数，适用于非自恢复绝缘和220kV及以下电压等级系统。

按惯用法进行绝缘配合时，需要确定作用于工具、装置和设备上的最大过电压，工具、装置和设备绝缘强度的最小值，以及两者之间的裕度。在确定裕度时，应尽量考虑可能出现的不确定因素，但并不要求估计绝缘可能击穿的故障率。

在惯用法中，系统最大过电压、绝缘耐受电压与安全裕度三者之间的关系为：

$$A=\frac{U_W}{U_{0\cdot max}}=\frac{U_W}{U_n\frac{\sqrt{2}}{\sqrt{3}}\cdot K_r\cdot K_0} \quad (1-3-6)$$

式中：

A—安全裕度

U_W—绝缘耐受电压，kV

$U_{0 \cdot max}$—系统最大过电压，kV

U_n—系统额定电压（有效值），kV

K_r—电压升高系数

K_0—系统过电压倍数

（2）统计法

统计法假定过电压和绝缘强度的概率分布函数是已知的、通过试验得到的，利用在大量统计资料基础上得到的过电压概率密度分布曲线，以及通过试验得到的绝缘放电电压的概率密度分布曲线，计算求出由过电压引起绝缘损坏的故障概率，将允许的最大故障率作为绝缘设计的一个安全指标，在技术经济比较的基础上正确地确定绝缘水平。

在带电作业中，通常将绝缘破坏的概率称为危险率。带电作业的危险率可由下式计算得出：

$$R_0 = \frac{1}{2}\int_0^{\infty} P_0(U)\ P_d(U)\ dU \qquad (1\text{-}3\text{-}7)$$

$P_0(U)$ 为操作过电压幅值的概率密度分布函数：

$$P_0(U) = \frac{1}{\sigma_0\sqrt{2\pi}} \cdot e^{-\frac{1}{2}\left(\frac{U-U_{av}}{\sigma_0}\right)^2} \qquad (1\text{-}3\text{-}8)$$

$P_d(U)$ 为空气间隙在幅值为 U 的操作过电压下放电的概率分布函数：

$$P_d(U)=\int_0^U \frac{1}{\sigma_d\sqrt{2\pi}}\cdot e^{-\frac{1}{2}\left(\frac{U-U_{50}}{\sigma_d}\right)^2}\cdot dU \qquad (1-3-9)$$

式中：

U_{av}—操作过电压平均值，kV

σ_0—操作过电压的标准偏差，kV

U_{50}—空气间隙的50%放电电压，kV

σ_d—空气间隙放电电压的标准偏差，kV

运用上述数学模型可编制计算程序，根据试验结果计算相应的带电作业危险率。在计算中，系统相对地最大操作过电压为 $U_{0.13\%}$，操作过电压平均值 U_{av} 可由下式计算得出：

$$U_{av}=\frac{U_{0.13\%}}{1+3[\delta]} \qquad (1-3-10)$$

式中，[δ]为过电压相对标准偏差。

(3) 简化统计法

在实际工程中，采用统计法进行绝缘配合非常烦琐和困难，因此，通常采用简化统计法来进行。由国际电工委员会(IEC) 推荐的简化统计法对过电压和绝缘电气强度的统计规律作出了一些合理的假设，如正态分布、已知其标准偏差等，使过电压和绝缘电气强度的概率分布曲线可用与某一参考概率相对应的点来表示，称为“统计过电压”和“统计绝缘耐压”，在此基础上可以计算绝缘的故障率。

统计法、简化统计法适用于330kV及以上电压等级系统带电作业空气间隙、组合间隙及工具、装置和设备操作过电压的绝缘配合。

三、带电作业中的安全防护

在进行输电、配电以及变电带电作业时，由于作业方式、作业场所、空间距离和电场分布的不同，带电作业安全防护的要求和重点各有差异和侧重。输电线路带电作业的安全防护主要是针对电场和静电感应电击进行防护，大致有以下三种类型。

（一）电场防护

带电导线、带电母线、带电引线以及带电设备的高压端都是带电体。带电体周围有电场产生，而电场的特性、强弱、变化等，不仅深刻地影响着作业人员的作业方式，有时候由于防护不当，还会对作业人员造成致命的威胁。因此，作业人员在进行带电作业时，必须对电场进行防护。

1. 人体处于电场中的感觉

电场的强弱会使位于电场中的人体具有不同的感觉，大致可分为针刺感、风吹感、蛛网感和异声感四类。

（1）针刺感

人穿着绝缘鞋在强电场下的草地上行走，如果草尖接触到皮肤，人体就会产生不同程度的针刺感。其实，这种感觉是由身体上的感应电荷对草尖（接地体）放电引起的。同样，人握着金属骨架的太阳伞行走在强电场下，当手指尖靠近伞的金属部位时，不仅会有强烈的刺痛感，还可看到小小的电火花。

（2）风吹感

如果将一个带有电荷的尖端导体靠近一支燃着的蜡烛，则火焰会朝着带电导体的尖端偏移，好像有一股风在吹动火焰。当人体位于电场中，感应电荷积聚在皮肤的汗毛上，也会引起离子流运动，形成了对皮肤吹风的感觉。

（3）蛛网感

如果等电位作业人员的面部没有采取屏蔽措施，当外界电场强度足够高，作业人员就会有蜘蛛网粘在面部的感觉。如果用手抹拭面部，这种感觉就会立即消失，而手一旦离开面部，这种感觉又会重复发生。这是因为在电场中，人体面部汗毛积聚的同性电荷产生了排斥作用，使汗毛竖立并牵拉皮肤，从而造成有蜘蛛网的感觉。当戴着屏蔽手套的手拂过面部，感应电荷就会短暂消失，而手一离开、没有了屏蔽，感应电荷就会再次出现，引发相同感觉。

（4）异声感

异声感是一种较为奇特的物理现象，一般发生在等电位作业人员使用金属扳手紧螺栓的工作中，而且只发生在作业人员握着扳手的手臂向外伸展的时刻，此时会听到一种类似运行中变压器所特有的嗡嗡声。据许多带电作业人员反映，嗡嗡的异声感与手中金属物件的大小、手臂伸出的远近有关，更与晃动手中金属物件的快慢有关。这可能是由铁磁物在周期性变化的交流电场中产生的振动与人体耳膜发生共振所致。

2. 电场感知水平

当外界电场达到一定强度时，人体裸露的皮肤上就会有微风吹拂的感觉发生，此时测量到的体表场强为2.4kV/cm，相当于人体体表有0.08μA/cm^2的电流流入肌体。据试验研究，人站在地面时，头顶部的局部最高场强为周围场强的13.5倍。一个中等身材的人站在地面场强为10kV/m的均匀电场中，头顶最高处的体表场强为135kV/m，小于人体皮肤的电场感知水平（240kV/m）。因此，国际大电网会议认为，高压输电线路下地面场强为10kV/m时是安全的。苏联曾规定在地面场强为5kV/m以下时，工作时间不受限制，超过20kV/m的地方则需采取防护措施。我国《带电作业用屏蔽服装及试验方法》规定，人体面部裸露处的局部场强允许值为240kV/m。

带电作业是指在带电的情况下，对输、配、变电设备进行测试、维护和更换部件的作业。要做到带电作业时，不仅保证作业人员没有触电受伤的危险，而且保证作业人员没有任何不舒服的感觉，就必须注意以下两条要求：

（1）人体体表局部场强不超过人体的感知水平240kV/m。

（2）人体与带电体保持规定的安全距离。

（二） 电流防护

1. 电流流经人体的感觉

如果人被串接于闭合电路中，人体中就会流过电流，其大小按 $I_r = U/Z_r$ 计算。Z_r 为人体阻抗，包括人体内阻抗和皮肤阻抗。可以认为，人体内阻抗基本上是电阻，仅有一小部分电容分量；皮肤阻抗则是一个阻容网络，随电压、频率、电流持续时间、接触面积、接触压力、皮肤湿度和温度的变化而变化。

表1-3-1 给出的是在干燥条件下，接触面积为 $50cm^2$ ~ $100cm^2$、电流路径为手—手或手—脚时的人体阻抗值。

表1-3-1

干燥条件下，接触面积为 $50cm^2$ ~ $100cm^2$、电流路径为手—手或手—脚时的人体阻抗值

接触电压（V）	人体阻抗（Ω）低于下列数值的人数百分比		
	总人数的5%	总人数的50%	总人数的95%
25	1750	3250	6100
50	1450	2625	4275
75	1250	2200	3500

（续表）

接触电压（V）	人体阻抗（Ω）低于下列数值的人数百分比		
	总人数的 5%	总人数的 50%	总人数的 95%
100	1200	1875	3200
125	1125	1625	2875
220	1000	1350	2125
700	750	1100	1550
1000	700	1050	1500

从表 1-3-1 中的数据可以看出，人体阻抗因人而异。在接触电压为 220V 时，有 5%的人的阻抗小于 1000Ω，50%的人的阻抗小于 1350Ω，95%的人的阻抗小于 2125Ω。从安全角度出发，人体阻抗一般可按 1000Ω 进行估算。

流经人体的电流的大小和持续时间长短，会使人体有不同的生理反应。

电流很小时，对人体是无害的，称为微电接触。比如，用于诊断和治病的某些医用设备在使用时，会有微量电流通过人体。

通过人体的电流较大、持续时间过长，可使人受到伤害甚至死亡的电接触，则称为电击。电击对人体造成损伤的主要因素是流经人体的电流大小。电击一般分为暂态电击和稳态电击。人体对工频稳态电流的生理反应可以分为感知、震惊、摆脱、呼吸痉挛和心室纤维性颤动，这不仅与流经人体的电流大小有关，还与接触时间有关。

2. 电击产生生理反应的阈值

当人遭受电击后，在不同的电流大小下，会有不同的生理反应特征（如表1-3-2所示）。

表1-3-2
人体在不同电流大小下的生理反应特征

电流（mA）	生理反应
0~0.9	无感觉
0.9~3.5	感到麻木，但并非病态
3.5~4.5	有些不适的麻和痛楚，轻微痉挛，反射性手指肌肉收缩
5.0~7.9	手感到有疼痛，表皮有痉挛
8.0~10.0	全手病态痉挛，收缩且麻木
10.0~12.0	肌肉收缩痉挛并能致肩部强烈疼痛（接触带电体时间不能超过30s）
13.0~14.0	手全部自己抓紧，须用力才能放开带电体（接触带电体时间不能超过30s）
15.0	手全部自己抓紧，不能放开带电体

随着流经人体电流幅值的增大以及时间的延长，电击会使人体生理反应逐渐强烈，其相应电流阈值如表1-3-3所示。

表 1-3-3

人体对稳态电击产生生理反应的电流阈值（mA）

生理反应	感知	震惊	摆脱	呼吸痉挛	心室纤维性颤动
男性	1.1	3.5	15.0	23.0	100
女性	0.8	2.2	10.5	15.0	100

心室纤维性颤动被认为是电击引起死亡的主要原因，但超过摆脱电流阀值的电流也可以是致命的。因为此时人手已不能松开，使得电流继续流过人体，引起呼吸痉挛甚至窒息，从而导致死亡。

国际电工委员会（IEC）对交流电流下人体生理效应提出了推荐值（如表 1-3-4 所示）。其中，感知电流阈值与接触面积、接触条件（湿度、压力、温度）、每个人的生理特征有关，心室纤颤电流阈值与电流的持续时间有密切关系。

表 1-3-4

IEC 对交流电流下人体生理效应的推荐值

人体生理效应		15 ~100Hz 交流电流（mA）
感知电流阈值		0.5
摆脱电流阈值		10
心室纤颤电流阈值	持续时间为 3 秒	40
	持续时间为 1 秒	50
	持续时间为 0.1 秒	400~500

暂态电击是指人接触电场中对地绝缘导体的瞬间，积累在导体上的电荷以火花放电的形式通过人体对地突然放电。这时，流过人体的电流是一种频率很高的电流。这种放电电流变化复杂，因此，通常以火花放电的能量来衡量其对人体产生危害性的程度（如表1-3-5所示）。

表1-3-5
人体对暂态电击产生生理反应的能量阈值

生理反应	感知	烦恼	损伤或死亡
能量阈值（mJ）	0.1	0.5~1.5	25000

3. 引起电击的电流防护

对电流的防护，除了严格限制流经人体的稳态电流不超过人体的感知水平1mA（1000μA）、暂态电流不超过人体的感知水平0.1mJ之外，还应尤其注意绝缘物表面的泄漏电流是否超标而危及人身安全。以下三点应引起高度关注：

（1）绝缘工具的泄漏电流

由于绝缘工具的绝缘电阻率均在$10^{13}\Omega\cdot cm$左右，正常工作时，只要工具的有效长度满足《电业安全工作规程（电力线路部分）》的要求，流过绝缘工具的泄漏电流就只有几个微安（μA）。但绝缘工具一旦严重受潮，电流将上升几个数量级，达到毫安级电流就会危及人身安全。特殊设计的雨天作业工具因有防雨罩，可限制泄漏电流过高增长，一般可控制在几百微安水平上。

防止因绝缘工具泄漏电流增大而伤人的措施，是在绝缘工具把手前加装警报器，一旦泄漏电流达到告警数值，即发出警报、停止使用。

（2）绝缘子串的泄漏电流

干燥洁净的绝缘子串的绝缘电阻可高达 500MΩ 以上，且电容量很小（约 50pF），所以其阻抗值是很高的，流过绝缘子串的泄漏电流只有几十微安。但在受到一定程度的污染后、在潮湿的气候条件下，泄漏电流就会剧增到毫安级。当塔上人员因摘除绝缘子挂点而使人体接入泄漏电流回路中时，泄漏电流就会通过人体，影响人身安全。

防护的办法是先用短接线将泄漏电流接通人地，再去摘挂点，或者作业人员穿戴屏蔽服和手套，让它们旁路绝缘子的泄漏电流，有效保护人身免受其害。

（3）在载流（即有负荷电流）设备上工作的旁路电流

在正常等电位作业中，由于导线通过较大负荷电流，导线上某两点（如与左右手尺寸相似的两点）间会有电压降，而且由于导线两点间的电阻很小，电压也很低。一般来说，作业人员同时接触这两点时，只会有很小的电流流经人体。

但在异常情况下，这一电流也会达到较高数值。

防护的方法是在每次作业前，都要确保屏蔽服的电阻符合相关要求。

（三） 静电感应防护

1. 静电感应引起的电击

带电作业人员在电场中工作时，因静电感应可能会遭受到电击。带电作业有两种基本工况，遭受的电击也有两种情况（如图 1-3-8 所示）。

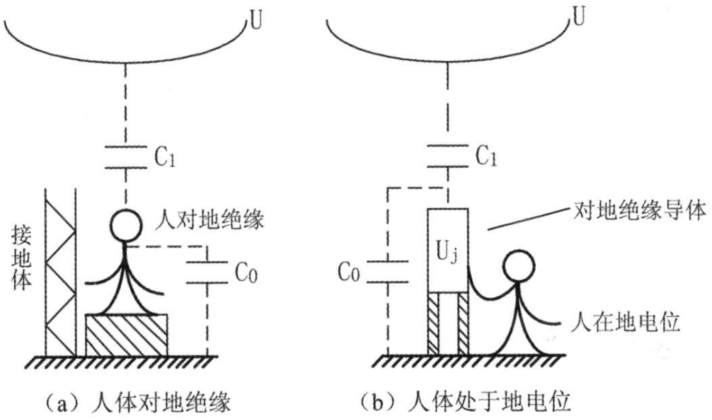

图 1-3-8

静电感应使人体遭受电击的两种情况

（1）人体对地绝缘

图 1-3-8（a）是人体对地绝缘时的工况。由于人体电

阻较小，在强电场中可视为导体。当人体对地绝缘时，因静电感应而使人体处于某一电位，也即在人体与地之间产生了一定的感应电压。此时，如果人体的暴露部位（如人手）触及接地体，人体上的感应电荷就会通过接触点对接地体放电，通常把这个现象称为电击。当放电的能量达到一定数值时，就会使人产生刺痛感。穿绝缘鞋的作业人员攀登在线路杆塔窗口时就属于这种工况，由于离带电导线较近，人体上的感应电荷较多，如果用手触摸塔身铁梁时，手上就会产生放电刺痛感。

（2）人体处于地电位

图 1-3-8（b）是人体处于地电位时的工况。对地绝缘的金属物体在电场中因静电感应而积累了一定量的电荷，并使其处于某一电位。此时，如果处于地电位的作业人员用手去触摸金属物体，金属物体上的感应电荷就会通过人体对地放电，同样使人遭受电击。地面作业人员在强电场中触摸悬空吊起的大件金具或停电设备上的金属部件时都属于这种工况。

2. 静电感应电击的防护

静电感应防护主要有两类措施，一是为防止作业人员受到静电感应，让其身穿屏蔽服，限制流过人体的电流，以保证作业安全；二是吊起的金属物体应接地，保持等电位。例如，进行塔上作业时，使被绝缘的金属物体与塔体等电位，即可防止静电感应。具体防护措施如下：

（1）在500kV线路塔上作业时，应穿屏蔽服和导电鞋；离导线10m以内作业时，必须穿屏蔽服和导电鞋；在两条以上平行运行的500kV线路上，即使是在一条停电线路上工作，也应穿屏蔽服和导电鞋。

（2）在220kV线路上作业时，应穿导电鞋；接近导线作业时，也应穿屏蔽服。

（3）对于退出运行的电气设备，只要附近有强电场，所有绝缘体上的金属部件，无论其体积大小，在没有接地前，处于地电位的人员禁止用手直接接触。

（4）对于已经断开电源的空载相线，无论其长短，在邻近导线有电（或尚未脱离电源）时，空载相线仍有感应电压，作业人员不准触碰，并应保持足够的距离。只有当作业人员使用绝缘工具将其良好接地后，才能触及空载相线。

（5）在强电场下，塔上带电作业人员接触传递绳上较长的金属物体前，应先使其接地。

（6）应将绝缘架空地线视为有电。塔上带电作业人员要对其保持足够的距离，并且要先接地后，才能触碰。

四、 带电作业方式及基本原理

（一） 带电作业方式的分类

在带电作业中，电对人体的作用有两种：一是在人体的不同部位同时接触了有电位差（如相与相之间或相与地之间）的带电体时而产生电流危害；二是人在带电体附近工作时，尽管人体没有接触带电体，但人体仍然会由于空间电场的静电感应而产生风吹、针刺等不舒适之感。经测试证明，为了保证带电作业人员不致受到触电的危险，并且在作业中没有任何不舒服的感觉，安全地进行带电作业，必须具备三个技术条件：

（1）流经人体的电流不超过人体的感知水平 1mA（1000μA）。

（2）人体体表局部场强不超过人体的感知水平 240kV/m（2.4kV/cm）。

（3）人体与带电体（或接地体）保持规定的安全距离。

一般来说，带电作业方式分为以下两类：

1. 按作业人员与带电体的相对位置来划分

根据作业人员与带电体的位置关系，可分为间接作业与直接作业两种方式。

（1）间接作业

间接作业也称为距离作业，是指作业人员不直接接触带电体，与之保持一定的安全距离，利用绝缘工具操作高压带电部件的作业。从操作方法来看，地电位作业、中间电位作业、带电水冲洗和带电气吹清扫绝缘子等都属于间接作业。

（2）直接作业

直接作业是指作业人员直接接触带电体，穿戴全套屏蔽防护用具，借助绝缘工具进入带电体，人体与带电设备处于同一电位的作业。在输电线路带电作业中也称为等电位作业，在国外也称为徒手作业或自由作业。

2. 按作业人员的人体电位来划分

按作业人员的自身电位来划分，可分为地电位作业、中间电位作业、等电位作业三种方式。

（1）地电位作业

地电位作业是指作业人员保持人体与大地（杆塔）同一电位，通过绝缘工具接触带电体的作业。此时，人体与带电体的关系是：大地（杆塔）人→绝缘工具→带电体。

（2）中间电位作业

中间电位作业是指在地电位法和等电位法不便采用的情况下，介于两者之间的一种作业方法，人体的电位是介于地电位和带电体电位之间的某一悬浮电位，要求作业人员既要保持对带电体有一定的距离，又要保持对地有一定的距离。此时，人体与带电体的关系是：大地（杆塔）→绝缘体→人体→绝缘工具→带电体。

（3）等电位作业

等电位作业是指作业人员保持与带电体（导线）同一电

位的作业。此时，人体与带电体的关系是：带电体（人体）→绝缘体→大地（杆塔）。

（二） 带电作业基本原理

1. 地电位作业原理

地电位作业是指人体处于地（零）电位状态下，使用绝缘工具间接接触带电设备来达到检修目的的方法。其特点是人体处于地电位时，不占据带电设备对地的空间尺寸。地电位作业的位置、等效电路如图 1-3-9（a）（b）所示。

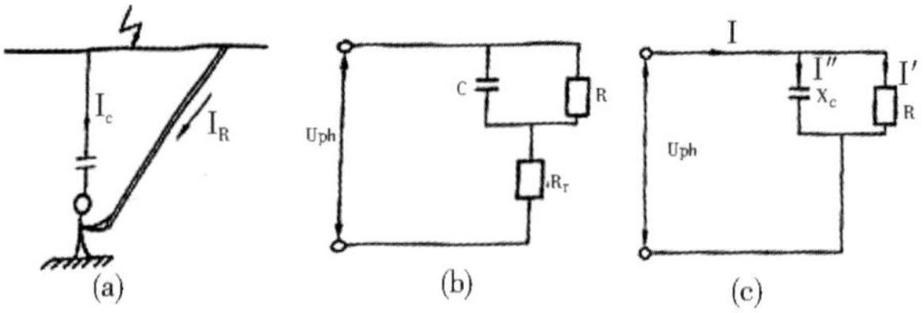

（a）位置示意图 （b）等效电路图 (c)简化电路图

图 1-3-9
地电位作业的位置、等效电路及简化电路图

作业人员位于地面或杆塔上时，人体电位与大地（杆塔）保持同一电位。此时，通过人体的电流有两条回路：其一，带电体→绝缘操作杆（或其他工具）→人体→大地（杆塔），构成电阻回路；其二，带电体→空气间隙→人体→

大地（杆塔），构成电容电流回路。这两个回路电流都经过人体流入大地（杆塔）。严格地说，不仅在工作相导线与人体之间存在电容电流，另两相导线与人体之间也存在电容电流。但电容电流与空气间隙的大小有关，距离越远，电容电流越小，因此，在分析中可以忽略另两相导线的作用，或者把电容电流作为一个等效的参数来考虑。

由于人体电阻远小于绝缘工具的电阻，即 $R_r<<R$，人体电阻 R_r 也远远小于人体与导线之间的容抗，即 $R_r<<X_C$，在分析流入人体的电流时，人体电阻可忽略不计。图1-3-9（b）电路可简化为图 1-3-9（c）电路。

设 I'为流过绝缘杆的泄漏电流，I''为电容电流，那么，流过人体的总电流是这两个电流分量的矢量和：

$$I=I'+I'' \tag{1-3-11}$$

其中：

$$I'=U_{ph}/R$$

$$I''=U_{ph}/X_C$$

带电作业所用的环氧树脂类绝缘材料的电阻率很高，如3640 型绝缘管材的体积电阻率在常态下均大于 1012Ω · cm，制作成的工具的绝缘电阻均在 1010 ~ 1012Ω 以上。对于10kV 配电线路来说，泄漏电流 I'为：

$$I'=5.77/107\approx 0.05\ (\mu A) \tag{1-3-12}$$

也就是说，泄漏电流仅为微安级。

进行间接作业时，当人体与带电体保持安全距离时，人与带电体之间的电容约为 $2.2\times10^{-12}\sim4.4\times10^{-12}$（F），其容抗为：

$$X_C=1/(\omega C)=1/(2\pi f_C)\approx0.72\times109\sim1.44\times109\ (\Omega) \quad (1-3-13)$$

电容电流 I″为：

$$I''=5.77\times103/(1.44\times109)\approx4\ (\mu A) \quad (1-3-14)$$

也就是说，进行间接作业时，人体电容电流也是微安级。

因此，I′+I″的矢量和也是微安级，远远小于人体电流的感知值 1mA。

以上分析计算说明，在应用地电位作业方式时，只要人体与带电体保持足够的安全距离，且采用绝缘性能良好的工具进行作业，那么，通过工具的泄漏电流和电容电流就都非常小（微安级），这样小的电流对人体毫无影响，因此足以保证作业人员的安全。

但是必须指出的是，绝缘工具的性能直接关系到作业人员的安全。如果绝缘工具表面脏污或者内外表面受潮，泄漏电流将急剧增加。当增加到人体的感知电流以上时，就会出现麻电甚至触电事故。因此，在使用绝缘工具时，应保持工具表面干燥清洁，并注意妥当保管，防止受潮。

2. 中间电位作业原理

中间电位作业是指人体处于接地体和带电体之间的电位状态下，使用绝缘工具间接接触带电设备来达到检修目的的方法。其特点是人体处于中间电位下，占据了带电体与接地体之间一定的空间距离，既要对接地体保持一定的安全距离，又要对带电体保持一定的安全距离。中间电位作业的位置及等效电路如图 1-3-10 所示。

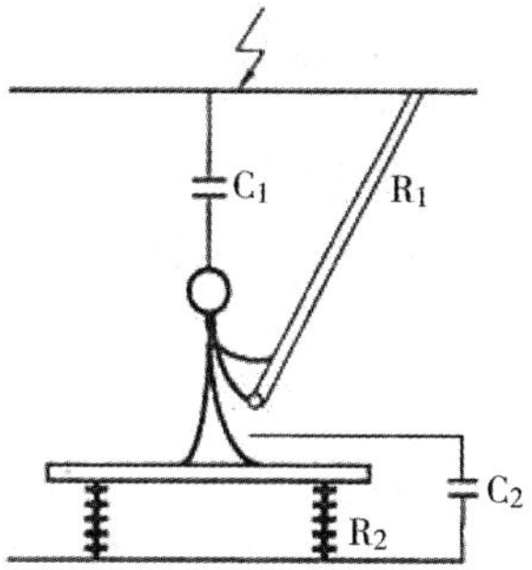

（a）位置示意图

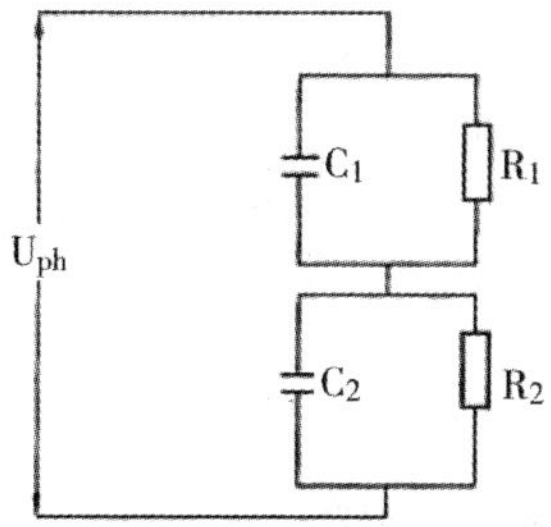

（b）等效电路图

图 1-3-10
中间电位作业的位置及等效电路图

作业人员站在绝缘梯或绝缘平台上，用绝缘杆进行的作业即属中间电位作业，此时人体电位是低于导电体电位、高于地电位的某一悬浮的中间电位。

采用中间电位作业时，人体与导线之间构成一个电容 C_1，人体与地（杆塔）之间构成另一个电容 C_2，绝缘杆的电阻为 R_1，绝缘平台的绝缘电阻为 R_2。

作业人员通过两部分绝缘体分别与接地体、带电体隔开，这两部分绝缘体共同起着限制流经人体电流的作用，同时组合空气间隙防止带电体通过人体对接地体发生放电。组合间隙由两段空气间隙组成。

一般来说，只要绝缘操作工具和绝缘平台的绝缘水平满足规定，由 C_1 和 C_2 组成的绝缘体即可将泄漏电流限制到微安级水平；只要两段空气间隙达到规定的作业间隙，由 C_1 和 C_2 组成的电容回路也可将通过人体的电容电流限制到微安级水平。

需要指出的是，采用中间电位作业时，带电体对地电压由组合间隙共同承受，人体电位是一悬浮电位，与带电体和接地体是有电位差的，因此，在作业过程中，应当做到以下几点：

（1）地面作业人员不允许直接用手向中间电位作业人员传递物品。这是因为：①若直接接触或传递金属工具，由于二者之间存在电位差，将可能出现静电电击现象；②若地面作业人员直接接触中间电位作业人员，相当于短接了绝缘平台，使绝缘平台的电阻 R_2 和人与地之间的电容 C_2 趋于零，不仅可能使泄漏电流急剧增大，还会因组合间隙变为单间隙而可能发生空气间隙击穿，导致发生作业人员电击伤亡事故。

（2）当系统电压较高时，空间场强较高，中间电位作业人员应穿屏蔽服，避免因场强过大引起不适感。但在配电线路带电作业中，由于空间场强低，且配电系统电力设备密集，空间作业间隙小，作业人员不允许穿屏蔽服，而应穿绝缘服进行作业。

（3）绝缘平台和绝缘杆应定期检验，保持良好的绝缘性能，其有效绝缘长度应满足相应电压等级规定的要求，其组合间隙一般应比相应电压等级的单间隙大20%左右。

3. 等电位作业原理

由电造成人体有麻电感甚至死亡的原因，不在于人体所处电位的高低，而在于流经人体的电流的大小。根据欧姆定律，当人体不同时接触有电位差的物体时，人体中就没有电流通过。从理论上讲，与带电体等电位的作业人员全身是同一电位，流经人体的电流为零，所以等电位作业是安全的。

人体与带电体等电位后，假如两手（或两足）同时接触带电导线，且两手间的距离为1.0m，那么作用在人体上的电位差即该段导线上的电压降。假如导线为 LGJ-150 型，该段电阻为 0.00021Ω，当负荷电流为 200A 时，那么该电位差为 0.042V，设人体电阻为 1000Ω，那么通过人体的电流为 42μA，远小于人的感知电流 1000μA，人体无任何不适感。如果作业人员身穿屏蔽服进行作业，因屏蔽服有旁路电流的作用，那么流过人体的电流将更小。

在等电位作业中，最重要的是进入或脱离等电位过程中的安全防护。在带电导线周围的空间中存在着电场，一般来说，距带电导线的距离越近，空间场强越高。当把一个导电体置于电场之中，靠近高压带电体的一面将感应出与带电体极性相反的电荷。当作业人员沿绝缘体进入带电体时，由于绝缘体本身的绝缘电阻足够大，通过人体的泄漏电流将很小，但随着人与带电体的逐步靠近，感应作用越来越强，人体与导线之间的局部电场越来越高。当人体与带电体之间距离减小到场强足以使空气发生游离时，带电体与人体之间将发生放电。当人手接近带电导线时，就会产生电弧并发出啪啪的放电声，这是电能在正负电荷中和过程中转化成声、光、热能的缘故。当人体完全接触带电体后，中和过程完成，人体与带电体达到同一电位，在实现等电位的过程中将发生较大的暂态电容放电电流，其等值电路见图 1-3-11。

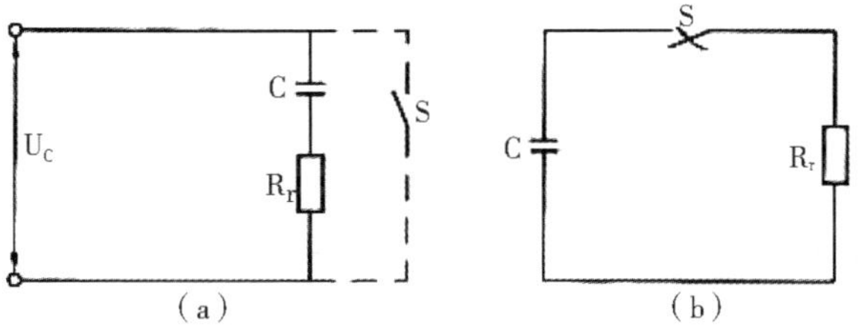

（a）进入等电位时的电路图　　（b）实现等电位后的电路图

图 1-3-11
在实现等电位过程中的等值电路图

在图 1-3-11（a）中，U_C 为人体与带电体之间的电位差，这一电位差作用在人体与带电体所形成的电容 C 上，在等电位的过渡过程中形成一个放电回路，放电瞬间相当于开关 S 接通瞬间，此时限制电流的只有人体电阻 R_r，冲击电流初始值 I_{ch} 可由欧姆定律求得，即 $I_{ch}=U_C/R_r$。

对于 110kV 或更高等级的输电线路来说，冲击电流初始值一般为十几至数十安培（A）。由此可见，冲击电流的初始值较大，因此作业人员必须身穿全套屏蔽服，通过导电手套或等电位转移线（棒）去接触导线。如果直接徒手接触导线，则会对人体产生强烈的刺激，有可能导致电气烧伤或引发二次事故。由于冲击电流是一种脉冲放电电流，持续时间短，衰减快，通过屏蔽服可起到良好的旁路效果，使直接流入人体的冲击电流非常小，而且屏蔽服的持续通流容量较大，暂态冲击电流也不会对屏蔽服造成任何损坏。一般来说，采用导电手套接触带电导线时，由于身穿屏蔽服的人体相距带电导线较近，相当于电容器的两个极板较近，感应电荷增多，其冲击电流也较大。如果作业人员用电位转移线（棒）塔接，人体可以对导线保持较大的距离，使感应电荷减小，中间电流也减小，从而避免等电位瞬间冲击电流对人体的影响。

在作业人员脱离高电位时，即人与带电体分开并有一空气间隙时，相当于出现了电容器的两个极板，静电感应现象同时出现，电容器复被充电。当这一间隙小到使场强高到足以使空气发生游离时，带电体与人体之间又将发生放电，就会出现电弧并发出啪啪的放电声。每次移动作业位置时，若人体没有与带电体保持同电位，就会出现充电和放电的过程。当等电位作业人员靠近导线时，如果动作迟缓并与导线保持在空气间隙易被击穿的临界距离，那么空气绝缘时而击穿、时而恢复，就会发生电容 C 与系统之间的能量反复交换，这些能量部分转化为热能，有可能使导电手套的部分金属丝被烧断，因此，进入等电位和脱离等电位时都应动作迅速。

等电位过渡的时间非常短，当人手与导线握紧之后，大约经过零点几微秒，冲击电流就会衰减到最大值的 1%以下，等电位进入稳态阶段。当人体与带电体等电位后，就好像鸟儿停落在单根导线上一样，即使人体有两点与该导电体接触，但由于两点之间的电压降很小，流过人体的电流是微安级水平，人体并无任何不适感。

从以上作业原理的分析来看，等电位作业是安全的，但在等电位作业的过程中，应注意以下几点：

（1）作业人员借助某一绝缘工具（硬梯、软梯、吊篮、吊杆等）进入高电位时，该绝缘工具应性能良好且保持与相应电压等级相适应的有效绝缘长度，使通过人体的泄漏电流控制在微安级水平。

（2）其组合间隙的长度必须满足相关规程及标准的规定，使放电概率控制在十万分之一以下。

（3）在进入或脱离等电位时，要防止暂态冲击电流对人体的影响。因此，在等电位作业中，作业人员必须穿戴全套屏蔽用具，实施安全防护。

第四节

±660kV 直流输电线路带电作业的特点及难点

一、输送容量大

银东直流输电工程自投运以来一直满负荷运行，额定电流为3030A，额定输送容量达4000MW，约占山东全省电网负荷的9%，是实现西北与华北电网联网，将西北黄河上游水电及宁东火电打捆送往山东，实现资源优化配置的重大输电工程。

一方面，工程建成投运后，宁夏每年向山东输送清洁电能达220亿千瓦时，有利于缓解山东省电力供应紧张、能源资源短缺的压力，提高山东电网运行的经济性和可靠性，为山东经济社会发展提供可靠的电力保障；有利于缓解煤炭运输压力，减轻山东省面临的环保压力，从整体上降低一次能源消耗，促进资源节约型和环境友好型社会建设。据初步测算，山东电网接纳宁东4000MW电力后，每年可节约原煤1120万吨，减少二氧化硫排放5.7万吨，全省二氧化硫排放量降低1.1%，全省万元GDP能耗下降1.8%。

另一方面，工程的建成投运将使西北与周边电网的联系更为紧密。西北地区经济发展相对落后，但能源资源丰富，电力外送是其支柱产业之一。工程充分利用西北地区闲置的水电容量和丰富的煤炭资源，有利于提高电网的安全稳定性，显著提升西北地区能源资源优化配置能力，是贯彻落实“西部大开发”战略、促进西部地区经济发展的有效方式。

±660kV直流输电线路一旦停运，将对山东社会、经济造成较大影响，因此，确保线路正常运行和带电作业绝对安全极其重要。

二、 大截面导线及长绝缘子串

（一） 大截面导线

根据《电力系统设计手册》的规定，架空送电线路导线截面的选择一般从两方面考虑。一方面，根据系统输送容量确定导线截面可选范围，这是以经济电流密度为标准；另一方面，根据电磁环境等约束条件进行校核，并考虑节能降耗的因素，以求将对环境的影响控制在允许范围内。

对导线截面进行技术经济综合选择，首先要充分利用现有成熟技术，考虑实际制造能力以及各种技术，满足线路输送电能的要求，保障线路能够安全可靠运行。

银东直流输电工程的输送距离为 1333km，线路首次采用 4×JL/G3A－1000/45－72/7 型钢芯铝绞线，分裂间距 500mm，单导线的计算重量达 3.14t/km。

与普通钢芯铝绞线相比，JL/G3A－1000/45－72/7（简称 $1000mm^2$）具有以下特点：

（1）电导率高。硬铝的电导率提高了 0.5 个百分点，达到了 61.5%IACS。

（2）钢铝比大。铝股分为四层，铝钢比达到 23.3。

（3）铝股受力比重大。占额定拉断力的 73%。

根据理论计算，银东直流输电工程采用±660kV 电压等级及 $4\times1000mm^2$ 大截面导线，在相同条件下其系统损耗为

6.7%。如果本工程直流输电线路采用±500kV 直流输电工程所用的 4×720mm² 导线，在相同条件下其系统损耗将达到额定输送容量的 8.7%。本工程于 2011 年 2 月 28 日实现双极投运，根据现场实测数据，在输送额定直流功率下，其系统损耗约为 6%（其中线损为 4.5%）。对比理论计算值及以往±500kV 直流输电工程约 7.5%的实际系统损耗值，证明银东直流输电工程选用±660kV 电压等级及 4×1000mm² 大截面导线是合理的，节能效益明显。

由于±660kV 银东直流输电工程采用了 4×1000mm² 大截面导线，线路导线的垂直荷载大为增加。以本工程平均档距 600m 进行计算，每档导线仅自重就达 7.536kN，如果加上冰荷载和风荷载，其综合载荷将达到 20kN 左右，这就给带电作业带来了相当大的困难。其中，提升导线的工具需进行较大的变革，因为普通丝杠无法产生如此大的提升力，仅靠作业人员的臂力也无法实施提升导线的作业。因此，提升导线的工具要在结构原理和材质上进行全新设计，才能满足±660kV银东直流输电工程带电作业工作的需求。

（二） 长绝缘子串

对±660kV 直流输电线路绝缘子串的设计，应在绝缘子串的配置满足正常工况下最大荷载的基础上，考虑串型的绝缘配置。

1. 悬垂绝缘子串型的选择

就悬垂绝缘子而言，常见的绝缘子串型方案有V型串、I型串和Y型串等。大量的现场测试数据表明，在同样的污秽条件下，V型串绝缘子的表面积污轻于I型串、Y型串。

±660kV银东线是我国乃至世界上第一条±660kV直流输电线路，位于我国北方降雨量较少而沿线大部分污秽度又较重的地区，因此，工程线路全线采用V型串。

采用V型串时，在海拔高度1000m以下的地区，轻、中污区V型串串长为8.5m，重污区V型串串长为9.2m。

2. 耐张绝缘子串型的选择

本工程采用导线型号为4×JL/G3A-1000/45-72/7，每极导线最大张力为339.036kN。耐张串最大使用荷载为365.2kN，导线耐张串需要的绝缘子联数见表1-4-1。

表1-4-1
导线耐张串需要的绝缘子联数

导线型式	最大荷载（kN）	绝缘子强度（kN）	联数
4×JL/G3A-1000/45-72/7	969（安全系数2.7）	300	4
		400	3
		550	2

比较各种耐张组合型式的优缺点后可知：

（1）二联串型结构最为简单，且最为经济，是架空输电线路使用最多的串型结构。

（2）550kN 盘型悬式绝缘子制造技术已成熟，且在线路工程中得到广泛应用，运行反应良好。

因此，±660kV 直流输电线路耐张绝缘子串大多采用2×550kN的组合型式。

另外，按±500kV 直流输电线路绝缘水平外推，采用爬电比距法和污耐压法两种方法，对±660kV 直流输电线路耐张盘式绝缘子片数进行配合，得出海拔高度在 1000m 以下时，耐张绝缘子串片数分别为 60 片和 72 片（CA—785EX），串长度达 17～18m。对于如此长度的绝缘子串，无论是悬垂绝缘子串还是耐张绝缘子串，进行换整串或更换单片绝缘子作业时，都对绝缘托瓶架提出了非常苛刻的要求。

按照带电作业工器具必须“轻便、灵活、可靠”的原则，常规材料制成的工器具难以满足±660kV 直流输电线路大截面导线及长绝缘子串带电作业的要求，需采用新型材料制作新型带电作业工器具。

三、 海拔高度范围宽

±660kV 银东直流输电线路最西端起自宁夏灵武，最东端至山东青岛沿海，途经河北、山西的太行山脉、陕西的黄土高原和戈壁荒滩，还有丘陵及平地。沿线地形比例为：高山大岭占 7.3%，一般山地占 27.3%、丘陵占 10.4%、平地占 53.5%，沙漠占 1.5%。不同的地理条件导致本线路途经不同的海拔地域（如表 1-4-2 所示）。

表 1-4-2
±660kV 银东直流输电线路途经地域海拔情况

海拔（m）	1000 以下	1000～1500	1500～2000	总计
长度（km）	681.6	514.8	135.3	1335
占比（%）	51.31	38.56	10.13	100

从表 1-4-2 中的数据可以看出，银东直流输电线路的海拔高度范围很宽泛，最东端的胶东换流站接近海平面，海拔只有 23m 左右，而海拔最高点则接近 2000m，全线海拔在 1000m 以上的线路长度占到 48.69%。

根据《±660kV 直流输电线路带电作业技术导则》的规定，其适用于海拔 1000m 及以下地区±660kV 直流输电线路的带电作业。在海拔 1000m 以上地区进行带电作业时，应根据作业区不同的海拔高度，修正各类空气与固体绝缘的安全距离和长度、绝缘子片数等。±660kV 银东直流输电线路宽泛的海拔高度范围给带电作业工作带来了巨大的困难，尤其是海拔 1000m 以上区域占到了 48.69%，因此，必须进行修正和验算后方可进行带电作业。

在海拔1000m以下地区，带电作业工器具的最小绝缘长度、带电作业最小安全距离和带电作业最小组合间隙距离，一般按常规考虑即可。但在海拔1000~1500m和海拔1500~2000m地区，±660kV直流输电线路的带电作业工器具的最小绝缘长度、带电作业最小安全距离和带电作业最小组合间隙距离，应根据不同的海拔高度分别作出规定，并应在现场带电作业操作规程中予以明确，尤其应引起±660kV银东直流输电线路沿线运行维护单位带电作业工作管理者的高度关注，千万不能出现带电作业工器具的最小绝缘长度、带电作业最小安全距离和带电作业最小组合间隙距离与现场实际海拔高度不匹配的情形。

第二章

±660kV直流输电线路带电作业研究

第一节

带电作业安全距离及检修方式研究

为研究±660kV直流输电线路带电作业安全间隙，实验人员进行了大量的理论计算和现场试验，据此分析得出了各种工况下±660kV直流输电线路带电作业安全距离。现场试验中的各项参数如下：

（1）试验塔型

±660kV直流同塔单回输电线路直线塔的典型塔型尺寸结构如图2-1-1所示，试验中据此加工模拟塔和进行试品布置。

（2）试验设备

试验是在国网电力科学研究院特高压户外试验场进行的。试验设备有：5400kV、527kJ冲击电压发生器，5400kV低阻尼串联阻容分压器，64M型峰值电压表，TekTDS340示波器。经校正，整个测量系统的总不确定度小于3%。试验中采用波前时间为250μs的正极性操作冲击波进行放电试

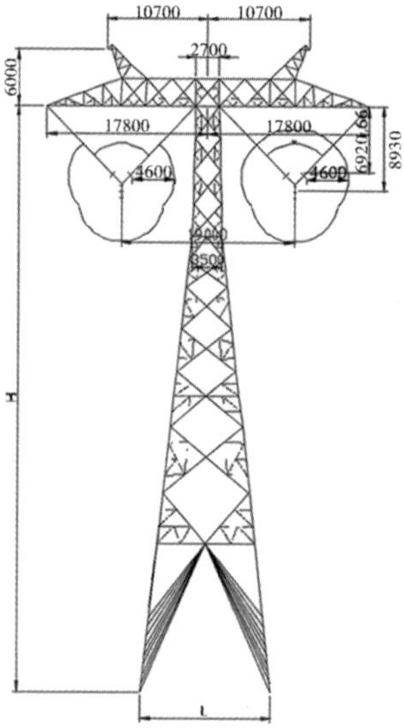

图 2-1-1
±660kV 直流单回塔型图

验。试区布置如图 2-1-2 所示。

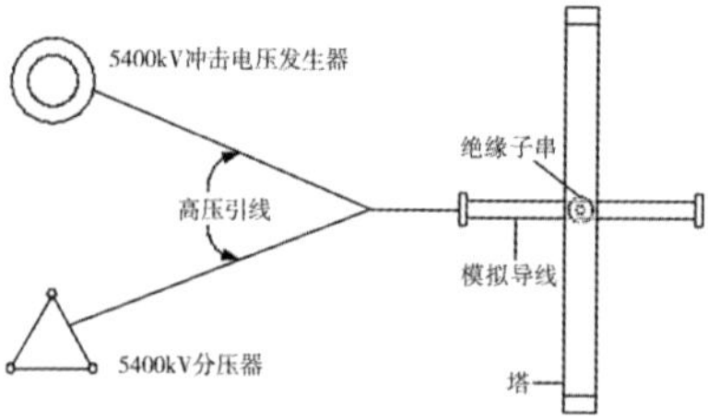

图 2-1-2
试区布置图

试验采用高强度角钢按设计塔型以1∶1比例制作模拟塔头，六分裂模拟导线长 10m，分裂半径 450mm，子导线半径 16.8mm，两端装有均压环，以改善端部电场分布。试验用模拟人由铝合金制成，与实际人体的形态及结构一致，四肢可自由弯曲，以便调整出各种姿态。模拟人站姿高 1.8m，身宽 0.5m。试区照片如图 2-1-3 所示。

图 2-1-3
试区照片

（3）带电作业间隙操作冲击放电特性

IEC60071-2-1996 *Insulation Coordination Part2*：*Application Guide* 推荐的空气间隙缓波前过电压绝缘特性经验式如下：

$$U_{50}=KU_{50RP} \quad (2-1-1)$$

$$U_{50RP}=500d^{0.6} \quad (2-1-2)$$

式中：

U_{50}—间隙操作冲击 50%放电电压

d—空气间隙距离

K—间隙系数

U_{50RP}—相应电压波形及间隙距离下棒—板间隙操作冲击50%放电电压

在研究中，可根据各带电作业间隙结构的操作冲击放电试验数据，计算求取其间隙系数 K，得出该带电作业间隙结构的操作冲击放电电压计算式及拟合曲线。

（4）带电作业绝缘配合

在交流输电线路中，受到系统相位角的影响，线路每次产生的操作过电压幅值为随机变量，服从统计分布规律；同时，作业间隙的放电电压也服从统计分布规律。因此，对于交流输电线路带电作业的绝缘配合，公认的方法是根据操作过电压与作业间隙放电电压的统计分布规律，将作业间隙受到一次操作过电压作用时发生放电的概率限制到可以接受的微小程度。

由于直流输电线路的操作过电压不受系统相位角的影响，线路每次产生的过电压幅值为一固定值，而线路最大过电压为线路中点一极发生接地故障后在健全极上产生的过电压。因此，一般采用惯用法，根据直流输电线路最大操作过电压，进行直流输电线路带电作业的绝缘配合。惯用法是一种传统的习惯用法，基本出发点是使带电作业间隙的最小击穿电压值高于系统可能出现的最大过电压值，并留有一定的安全裕度。

目前，我国普遍采用比试验得到的 U_{50} 低 3σ 的电压值作为带电作业间隙的耐受电压，以 U_w 表示：

$$U_w = U_{50}(1-3\sigma) \quad (2-1-3)$$

式中：

U_w—带电作业间隙的耐受电压

U_{50}—在试验中得到的带电作业间隙 50%放电电压

σ—带电作业间隙 50%放电电压的标准偏差，一般偏严考虑，取 6%

因此，当作业间隙的耐受电压不小于直流输电线路的最大操作过电压，即可保证带电作业间隙不会发生击穿，从而保证作业人员的安全：

$$U_w \geqslant U_{max} \quad (2-1-4)$$

式中：

U_w—带电作业间隙的耐受电压

U_{max}—直流输电线路最大操作过电压，为线路中点一极发生接地故障后在健全极上产生的过电压

（5）气象及海拔高度修正

本书所列出的全部试验数据均已按 GB 16927.1－1997《高电压试验技术　第一部分：一般试验要求》修正为标准气象条件下的数据。

在确定带电作业最小安全距离和最小组合间隙时，需考

虑海拔高度的影响。海拔校正系数 K_a 采用 IEC 60071-2-1996 推荐公式：

$$K_a = e^{m\left(\frac{H}{8150}\right)} \qquad (2-1-5)$$

式中：

H—海拔高度

m—与间隙结构形式及电压幅值相关的系数（m 的取值可从图 2-1-4 查出）

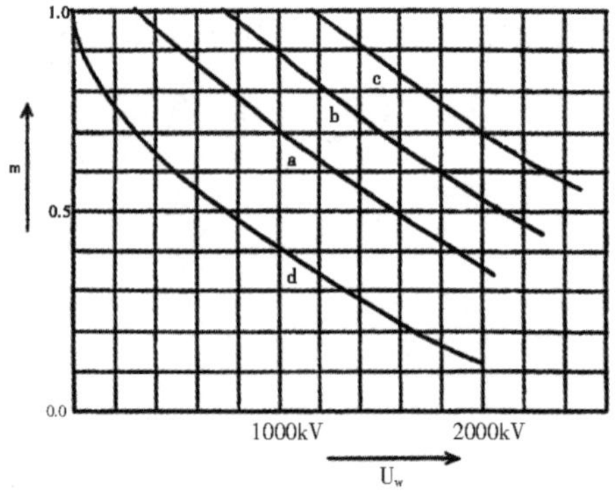

(a)相对地绝缘　（b）纵绝缘　（c）相间绝缘　（d）棒—板间隙（标准间隙）

图 2-1-4
海拔校正公式中 m 的取值曲线

为满足工程实际需求，分别计算了海拔 0m、500m、1000m、1500m、2000m 处的带电作业最小安全距离及最小组合间隙。

一、 带电作业最小安全距离试验研究

安全距离是指为了保证人身安全，作业人员与不同电位的物体之间所应保持的各种最小空气间隙距离的总称，包括地电位作业人员与带电体之间的距离和等电位作业人员与接地体之间的距离。

（一） 带电作业安全距离试验

带电作业安全距离试验是针对线路带电作业中可能出现工况下的间隙距离进行操作冲击放电试验，以检验各工作位置的间隙距离是否能够满足带电作业安全性的规定。

在±660kV单回直流输电线路带电作业中，可能会涉及的带电作业安全距离包括等电位作业人员对其上方横担、极

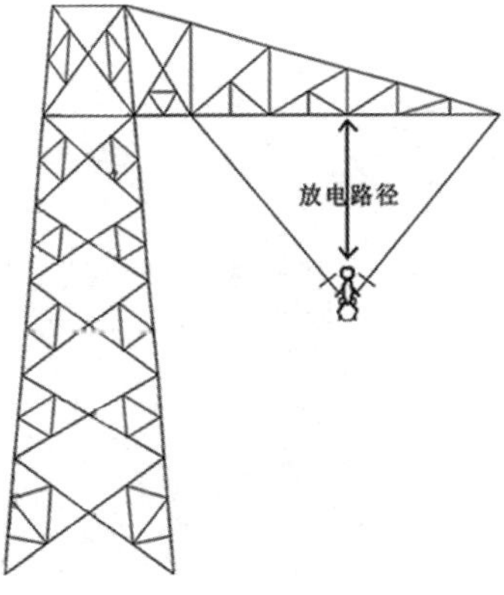

图 2-1-5
等电位作业人员对其上方横担安全距离试验布置示意图

导线对侧面塔身地电位作业人员、等电位作业人员对侧面塔身构架三种安全距离。

1. 等电位作业人员对其上方横担安全距离试验

等电位作业人员对其上方横担安全距离试验布置如图2-1-5所示。

试验模拟人穿戴整套屏蔽服，采用站立姿势骑跨在模拟极导线上，用金属线将其与极导线连接，使其与极导线保持等电位。试验中保证模拟人头顶超出极导线处均压环上沿，调节模拟人头顶与上方横担下沿的间隙距离，分别选取距离为3.2m、3.6m、4.0m、4.4m和4.8m的五个试验点进行操作冲击试验。试验现场见图2-1-6，试验结果见表2-1-1，根据试验结果所得该工况安全距离操作冲击放电特性曲线见图2-1-7。

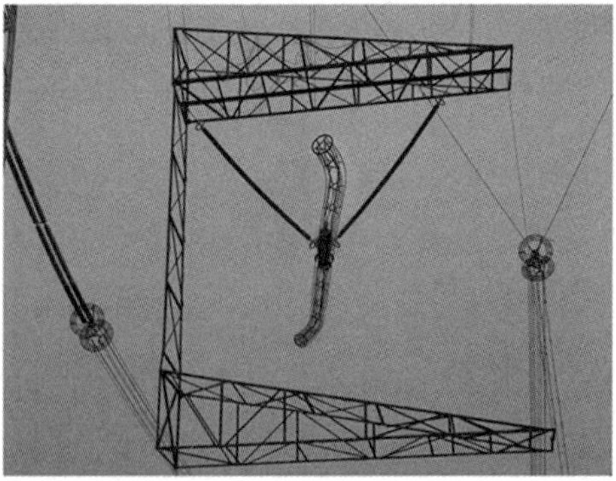

图2-1-6

等电位作业人员对其上方横担安全距离试验现场

表 2-1-1
等电位作业人员对其上方横担安全距离试验结果

间隙距离 d（m）	操作冲击 50%放电电压 U_{50}（kV）	变异系数 Z（%）
3.2	1174	3.9
3.6	1276	5.2
4.0	1347	4.7
4.4	1472	3.3
4.8	1536	4.6

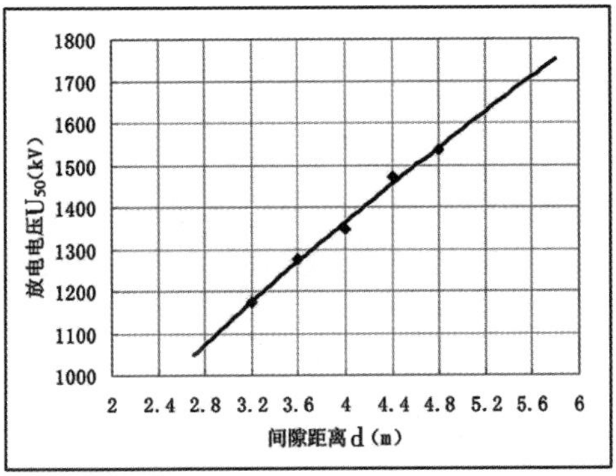

图 2-1-7
等电位作业人员对其上方横担安全距离操作冲击放电特性曲线

根据试验数据计算得出间隙系数 K 为 1.17~1.20，考虑安全裕度，取 K 为 1.17。由此得到在此位置作业时，操作冲击 50%放电电压与放电间隙距离的关系为：

$$U_{50}=585d^{0.6} \qquad (2-1-6)$$

式中：

U_{50}—操作冲击50%放电电压，kV

d—放电间隙距离，m

2. 极导线对侧面塔身地电位作业人员安全距离试验

极导线对侧面塔身地电位作业人员安全距离试验布置如图2-1-8所示。

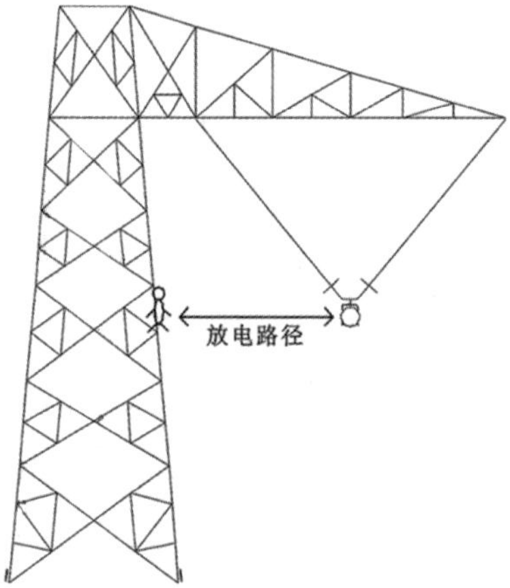

图2-1-8
极导线对侧面塔身地电位作业人员安全距离试验布置示意图

试验模拟人穿戴整套屏蔽服，采用坐姿在塔身靠近极导线侧，背对塔身面向极导线，并与极导线基本保持水平，用金属线将模拟人与侧面塔身连接，使其保持地电位。试验中调节模拟人膝盖与极导线内侧均压环边沿的间隙距离，分别选取距离为3.2m、3.6m、4.0m、4.4m和4.8m的五个试验点进行操作冲击试验。试验现场见图2-1-9，试验结果见表2-1-2，根据试验结果所得该工况安全距离操作冲击放电特性曲线见图2-1-10。

图2-1-9
极导线对侧面塔身地电位作业人员安全距离试验现场

表2-1-2
极导线对侧面塔身地电位作业人员安全距离试验结果

间隙距离d（m）	操作冲击50%放电电压 U_{50}（kV）	变异系数Z（%）
3.2	1347	4.8
3.6	1458	4.2
4.0	1565	5.1
4.4	1633	3.9
4.8	1760	4.6

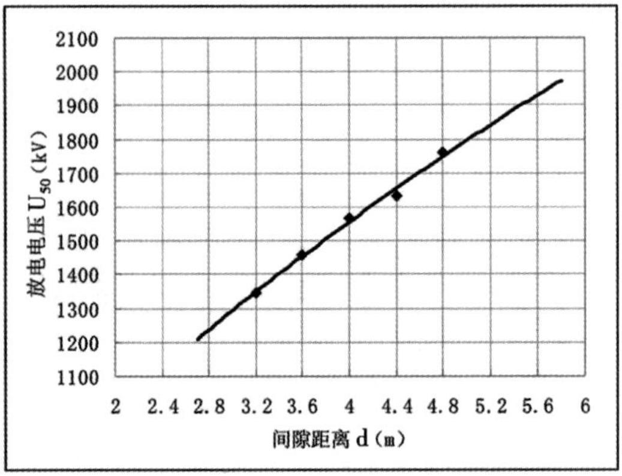

图 2-1-10
极导线对侧面塔身地电位作业人员安全距离操作冲击放电特性曲线

根据试验数据计算得出间隙系数 K 为 1.34~1.37，考虑安全裕度，取 K 为 1.34。由此得到在此位置作业时，操作冲击 50%放电电压与放电间隙距离的关系为：

$$U_{50}=670d^{0.6} \qquad (2-1-7)$$

式中：

U_{50}—操作冲击 50%放电电压，kV

d—放电间隙距离，m

3. 等电位作业人员对侧面塔身构架安全距离试验

等电位作业人员对侧面塔身构架安全距离试验布置如图 2-1-11 所示。

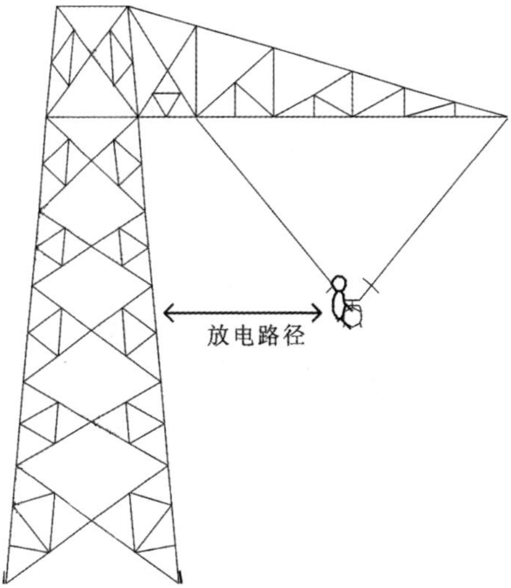

图 2-1-11
等电位作业人员对侧面塔身构架安全距离试验布置示意图

试验模拟人穿戴整套屏蔽服，面向极导线，用金属线将其与极导线连接，使其与极导线保持等电位，并使模拟人的部分身体较之极导线内侧均压环更近于侧面塔身，避免试验时出现均压环对侧面塔身放电。试验中调节模拟人与侧面塔身的间隙距离，分别选取距离为 3.2m、3.6m、4.0m、4.4m 和 4.8m 的五个试验点进行操作冲击试验。试验现场见图 2-1-12，试验结果见表 2-1-3，根据试验结果所得该工况操作冲击安全距离放电特性曲线见图2-1-13。

图 2-1-12
等电位作业人员对侧面塔身构架安全距离试验现场

表 2-1-3
等电位作业人员对侧面塔身构架安全距离试验结果

间隙距离 d（m）	操作冲击 50%放电电压 U_{50}（kV）	变异系数 Z（%）
3.2	1266	5.0
3.6	1383	4.7
4.0	1466	4.8
4.4	1554	5.1
4.8	1655	4.0

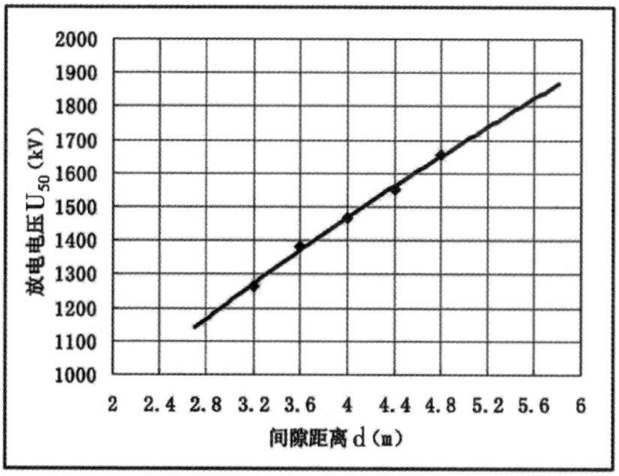

图 2-1-13

等电位作业人员对侧面塔身构架安全距离操作冲击放电特性曲线

根据试验数据计算得出间隙系数 K 为 1.26~1.29，考虑安全裕度，取 K 为 1.26。由此得到在此位置作业时，操作冲击50%放电电压与放电间隙距离的关系为：

$$U_{50}=630d^{0.6} \qquad (2-1-8)$$

式中：

U_{50}—操作冲击50%放电电压，kV

d—放电间隙距离，m

（二） 带电作业最小安全距离

1. 等电位作业人员对其上方横担最小安全距离

根据等电位作业人员对其上方横担最小安全距离的操作

冲击放电特性曲线，计算该工况的带电作业最小安全距离，并根据海拔修正公式，将标准气象条件下的放电电压 U_{50} 修正到海拔 500m、1000m、1500m 和 2000m 的高度，计算相应海拔高度下的最小安全距离。不考虑作业人员的人体活动范围，计算结果见表 2-1-4。

表 2-1-4
等电位作业人员对其上方横担最小安全距离

最大过电压（p. u.）	海拔高度（m）	放电电压 U_{50}（kV）	最小安全距离（m）
1.75	0	1442	4.5
1.75	500	1499	4.8
1.75	1000	1555	5.1
1.75	1500	1591	5.3
1.75	2000	1645	5.6

2. 极导线对侧面塔身地电位作业人员最小安全距离

根据极导线对侧面塔身地电位作业人员最小安全距离的操作冲击放电特性曲线，计算该工况的带电作业最小安全距离，并根据海拔修正公式，将标准气象海拔条件下的放电电压 U_{50} 修正到海拔 500m、1000m、1500m 和 2000m 的高度，计算相应海拔高度下的最小安全距离。不考虑作业人员的人体活动范围，计算结果见表 2-1-5。

表 2-1-5
极导线对侧面塔身地电位作业人员最小安全距离

最大过电压（p. u.）	海拔高度（m）	放电电压 U_{50}（kV）	最小安全距离（m）
1.75	0	1445	3.6
1.75	500	1493	3.8
1.75	1000	1539	4.0
1.75	1500	1608	4.3
1.75	2000	1652	4.5

3. 等电位作业人员对侧面塔身构架最小安全距离

根据等电位作业人员对侧面塔身构架最小安全距离的操作冲击放电特性曲线，计算该工况的带电作业最小安全距离，并根据海拔修正公式，将标准气象海拔条件下的放电电压 U_{50} 修正到海拔 500m、1000m、1500m 和 2000m 的高度，计算相应海拔高度下的最小安全距离。不考虑作业人员的人体活动范围，计算结果见表 2-1-6。

表 2-1-6
等电位作业人员对侧面塔身构架最小安全距离

最大过电压（p. u.）	海拔高度（m）	放电电压 U_{50}（kV）	最小安全距离（m）
1.75	0	1447	4.0

（续表）

最大过电压（p. u. ）	海拔高度（m）	放电电压 U_{50}（kV）	最小安全距离（m）
1. 75	500	1490	4. 2
1. 75	1000	1553	4. 5
1. 75	1500	1594	4. 7
1. 75	2000	1655	5. 0

（三） 小结

对±660kV 单回直流输电线路各种工况下带电作业安全距离进行试验，并根据不同作业位置安全距离的放电特性，结合线路相地过电压倍数 1. 75p. u. ，计算得到海拔 2000m 以下地区±660kV 单回直流输电线路带电作业最小安全距离。

（1）海拔 1000m 以下地区最小安全距离：等电位作业人员对其上方横担 5. 1m，极导线对侧面塔身地电位作业人员 4. 0m，等电位作业人员对侧面塔身构架 4. 5m。

（2）海拔 1000~2000m 地区最小安全距离：等电位作业人员对其上方横担 5. 6m，极导线对侧面塔身地电位作业人员 4. 5m，等电位作业人员对侧面塔身构架 5. 0m。

二、 带电作业组合间隙试验研究

带电作业组合间隙试验是针对进入某一等电位作业位置通道的放电特性进行试验，考核该通道的安全性，确保作业人员安全。无论是从地面通过软梯进入下相导线，还是从导线外侧进入等电位，其组合间隙都应足以满足安全性要求。

在±660kV单回直流输电线路带电作业中，可采用吊篮、吊椅等从塔身侧面进入等电位，或从地面采用软梯、吊篮等进入等电位。由于从地面进入等电位的相地间隙大，不必考虑进入过程的组合间隙，本次试验主要针对采用吊篮法从导线内侧塔身处进入等电位过程进行试验。

国网电力科学研究院做过的大量试验研究表明：对于某一组合间隙，在作业人员人体离开高压导线的某一位置处，该组合间隙具有最低的放电电压；无论是采用滑轨法、吊篮法，还是采用硬梯法，作业人员进入等电位过程中的最低放电位置都在作业人员距离高压导线0.4m处，即S_2为0.4m。因此，在组合间隙试验中，固定$S_2=0.4m$不变，通过改变S_1的距离来改变整个间隙距离S，进行操作冲击试验。

（一） 采用吊篮法从侧面塔身进入等电位组合间隙试验

采用吊篮法从侧面塔身进入等电位组合间隙试验布置如图2-1-14所示。

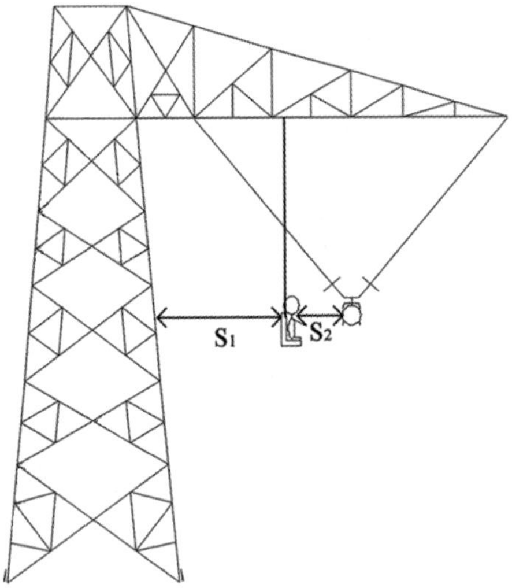

图 2-1-14
采用吊篮法从侧面塔身进入等电位组合间隙试验布置示意图

试验模拟人采用坐姿，固定其与极导线内侧均压环间隙保持 0. 4m 的距离，其头顶不超过均压环上沿。试验中调节塔身与模拟人的距离，分别选取组合间隙为 3. 2m、3. 6m、4. 0m、4. 4m 和 4. 8m 的五个试验点进行操作冲击试验。试验现场见图 2-1-15，试验结果见表2-1-7，根据试验结果所得采用吊篮法从侧面塔身进入等电位组合间隙操作冲击放电特性曲线见图 2-1-16。

图 2-1-15
采用吊篮法从侧面塔身进入等电位组合间隙试验现场

表 2-1-7
采用吊篮法从侧面塔身进入等电位组合间隙试验结果

间隙距离 $d=S_1+S_2$ （m）	操作冲击50%放电电压 U_{50} （kV）	变异系数Z （%）
3.2	1258	3.6
3.6	1355	3.9
4.0	1476	3.6
4.4	1569	4.5
4.8	1630	4.3

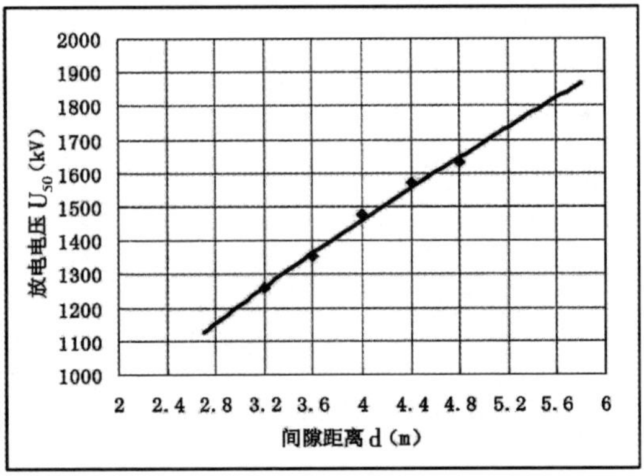

图 2-1-16
采用吊篮法从侧面塔身进入等电位组合间隙操作冲击放电特性曲线

根据试验数据计算得出间隙系数 K 为 1.25~1.29，考虑安全裕度，取 K 为 1.25。由此得到在此位置作业时，操作冲击 50%放电电压与放电间隙距离的关系为：

$$U_{50}=625d^{0.6} \quad (2-1-9)$$

式中：

U_{50}—操作冲击 50%放电电压，kV

d—放电间隙距离，m

（二） 采用吊篮法从侧面塔身进入等电位最小组合间隙

根据采用吊篮法从侧面塔身进入等电位组合间隙的操作冲击放电特性曲线，计算该工况的最小组合间隙，并根据海拔修正公式，将标准气象海拔条件下的放电电压 U_{50} 修正到海拔500m、1000m、1500m和2000m的高度，计算相应海拔高度下的最小组合间隙。不考虑作业人员的人体活动范围，计算结果见表2-1-8。

表2-1-8
采用吊篮法从侧面塔身进入等电位最小组合间隙

最大过电压（p.u.）	海拔高度（m）	放电电压 U_{50}（kV）	最小组合间隙（m）
1.75	0	1457	4.1
1.75	500	1500	4.3
1.75	1000	1541	4.5
1.75	1500	1602	4.8
1.75	2000	1661	5.1

（三）小结

对±660kV单回直流输电线路作业人员从塔身侧面进出等电位过程的组合间隙进行试验，并根据其放电特性，结合线路相地过电压倍数1.75p.u.，计算得到海拔2000m以下地区±660kV单回直流输电线路带电作业最小组合间隙：海拔1000m以下地区最小组合间隙为4.5m，海拔1000~2000m地区最小组合间隙为5.1m。

三、 单回直流线路一极运行时停电极检修方式研究

（一） 感应电压计算

1. 感应电压计算方法

根据±660kV单回和同塔双回直流输电线路的基本数据和工程要求，以成熟的电磁分析计算软件ATP/EMTP为基础，建立单回直流线路的数学模型，分析计算线路在不同工况下的感应电压。

±660kV银东直流输电线路全长1333km，导线采用4×JL/G3A-1000/45钢芯铝绞线，一根地线为LBGJ-150-20AC，另一根为OPGW-150，沿线平均土壤电阻率为500Ω·m。典型的单回线路杆塔结构如图2-1-17所示，杆塔呼称高为45m。该杆塔的极线、地线的悬挂点高度和平均高度参数见表2-1-9和表2-1-10。在ATP/EMTP中，根据线路参数搭建仿真模型。

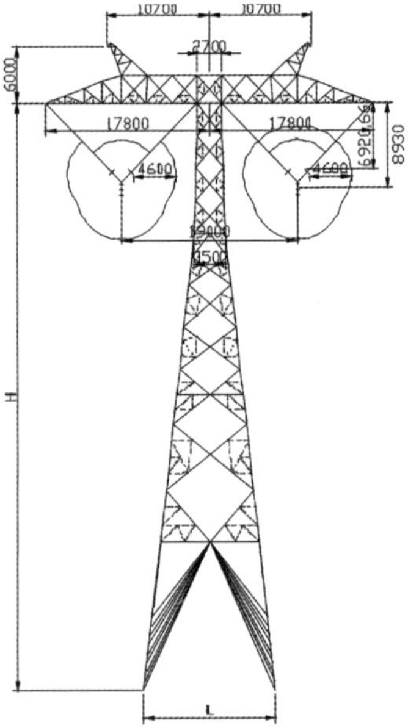

图2-1-17

直流单回输电线路塔型图

表 2-1-9
单回塔头布置的极线、地线悬挂点高度（m）

	直线塔	耐张塔
地线 1	51	54
地线 2	51	54
极线	40	42

表 2-1-10
单回塔头布置的极线、地线平均高度（m）

	直线塔	耐张塔
地线 1	43	48
地线 2	43	48
极线	30	32

2. 停运极不同接地方式下静电感应电压计算

(1) 停运极线路首端与末端都不接地

在停运极线路首端与末端都不接地且不考虑大地中一部分返回电流影响的情况下，从图 2-1-18 中可以看出线路上的感应电压为恒定值，因线路工作电压感应出来的电压为 39.5kV。

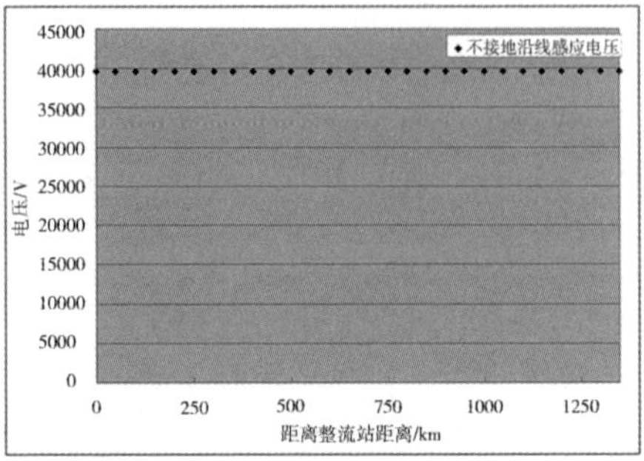

图 2-1-18
停运极首端和末端都不接地时沿线电压分布

（2）停运极线路首端接地、末端不接地

在停运极线路首端接地的情况下，线路上的静电感应电压被接地消除了，通过计算得到停运极线路相对杆塔的电位接近于 0（如图 2-1-19 所示）。

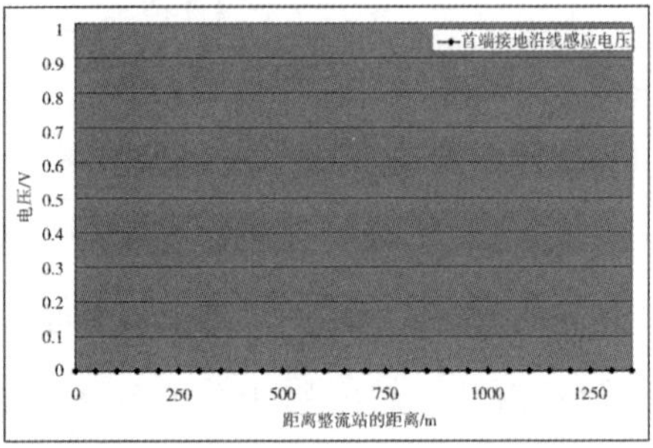

图 2-1-19
停运极首端接地时沿线电压分布

（3）停运极线路首端不接地、末端接地

在停运极线路首端不接地而末端接地的情况下，停运极线路上电压分布的特点和停运极线路首端接地而末端不接地时的电压分布趋势相同，即停运极线路对杆塔电压的电位接近于0。

（4）停运极线路首端与末端都接地

在停运极线路首端和末端都接地的情况下，线路上的静电感应电压为0。然而，在实际检修过程中，两端都接地的停运极会对大地返回电流分流，这部分电流会在停运检修线路上产生一定的压降，该压降取决于大地回路的电阻与停运极线路的电阻，因此一般不采用这种接地方式。

（二） 检修方式与安全防护措施

当直流输电线路一极运行、一极停电检修时，在停运极线路两端没有接地的情况下，停运极线路上的感应电压达到39.5kV，在不采取接地措施的情况下应视为带电检修。作业人员进出检修线路时，应按进出带电回路高电位的方式进行，需穿戴全套屏蔽服、应用绝缘工器具进出高电位，进入高电位后应与接地构件保持足够的安全距离。杆塔构架上的地电位电工也应穿戴全套屏蔽服，向在检修线路上作业的等电位电工传递工具或进行配合作业时，也应使用绝缘工器具，并与被检修线路保持足够的安全距离。

在停运极线路首端和末端任何一端接地的情况下，停运极线路对杆塔的静电感应电压为0。因此，停电检修极线路时，可以根据实际需要在工作地点挂装便携式接地线：如果工作点在杆塔处或杆塔两侧附近，可在杆塔处通过便携式短路接地线将工作极导线接地；如果工作点距杆塔较远或在档距中央，可在工作点两端相邻的杆塔处通过便携式短路接地线将工作相停电导线接地；杆塔与便携式接地线连接部分处的塔材应接触良好。按停电检修方式作业即作业人员进出检修线路时，不需采用进出高电位的绝缘工具，也不必考虑与接地构件之间的安全距离，塔上电工与导线上电工配合作业时也不需限定使用绝缘工器具。但是，无论是塔上电工还是导线上电工，都必须穿戴全套屏蔽服（包括导电鞋）。这样做，一是对空间电场进行屏蔽防护；二是保持与导线或接地构件的同一地电位；三是当接触传递绳上的金属工具时，屏蔽服具有旁路静电感应电流的作用，可防止因“麻电”引发二次事故。在两相邻杆塔停电回路接地前，作业人员不允许接触该线路，并应保持足够的安全距离。只有通过绝缘工具将临时接地线挂上，并检查确认接地良好后，才能触及该检修线路。临时接地线的通流容量应满足作业要求，接地方式和步骤必须严格按规定进行。

（三）结论

通过研究得出以下结论：

（1）确定±660kV银东单回直流输电线路带电作业最大操作过电压为1.75p.u.。

（2）当线路相地过电压倍数为1.75p.u.时，±660kV单回直流输电线路带电作业最小安全距离为：

①海拔500m及以下地区：等电位作业人员对其上方横担4.8m，极导线对侧面塔身地电位作业人员3.8m，等电位作业人员对侧面塔身构架4.2m。

②海拔500~1000m地区：等电位作业人员对其上方横担5.1m，极导线对侧面塔身地电位作业人员4.0m，等电位作业人员对侧面塔身构架4.5m。

③海拔1000~1500m地区：等电位作业人员对其上方横担5.3m，极导线对侧面塔身地电位作业人员4.3m，等电位作业人员对侧面塔身构架4.7m。

④海拔1500~2000m地区：等电位作业人员对其上方横担5.6m，极导线对侧面塔身地电位作业人员4.5m，等电位作业人员对侧面塔身构架5.0m。

（3）当线路相地过电压倍数为1.75p.u.时，±660kV单回直流输电线路带电作业采用吊篮法从侧面塔身进出等电位最小组合间隙为：海拔500m及以下地区4.3m；海拔500~1000m地区4.5m；海拔1000~1500m地区4.8m；海拔1500~2000m地区5.1m。

（4）±660kV 银东直流输电线路一极运行、一极停电检修时，在停运极线路两端没有接地的情况下，停运极线路上的感应电压达到 39.5kV，在不采取接地措施的情况下应视为带电检修。

在停运极线路首端和末端任何一端接地的情况下，停运极线路对杆塔的静电感应电压为 0，可视为停电检修，并根据实际需要在工作地点挂装便携式接地线。

第二节

±660kV 直流输电线路带电作业安全防护

一、带电作业安全防护的重要性

安全防护是带电作业研究领域中十分重要的一环。经过 20 多年的研究与实践，目前 110kV~1000kV 交流输电线路、±500kV 直流输电线路带电作业人员安全防护技术已具备丰富的经验，但对±660kV 直流输电线路带电作业的安全防护尚需深入研究。±660kV 直流输电线路不仅电压等级高，线路附近还存在着空间电荷及其定向移动所形成的离子流，因此有必要对±660kV 直流输电线路带电作业环境进行分析，明确带电作业各环节安全防护的对象，研究并验证适用于

±660kV直流输电线路带电作业的安全防护用具，制定±660kV直流输电线路带电作业安全防护措施。

对于±660kV直流输电线路而言，直流电压的恒定不变及不可避免的电晕存在，使空间出现带电粒子——空间电荷，这些空间电荷在直流电场的作用下，定向移动形成空间离子流。此时，导线表面或其附件的电荷在导线周围产生静电场，同时空间带电粒子形成了空间电荷电场，直流输电线路附近的电场即为静电场与空间电荷电场综合作用的合成场。导线附近存在着大量的空间离子，带电作业过程中作业人员处于合成场中，因此，合成场对作业人员的影响是带电作业安全防护应考虑的重点问题之一。

由于直流输电的特点，在直流输电线下几乎不存在电容耦合作用，在直流输电线路导线附近的空间电荷及其定向运动所形成的离子流对空间电流起着决定性作用。对于直流输电线路带电作业人员来说，通过人体的电流主要是穿透屏蔽服通过人体的空间离子电流。因此，空间离子电流应作为带电作业安全防护的对象。

电位转移即作业人员通过导电手套或其他专用工具从中间电位转移到等电位的过程，是带电作业进出等电位过程中最重要的环节。以往的带电作业研究成果表明，在电位转移的瞬间，作业人员与导线之间将出现电弧，并有较大的脉冲电流，如果在此过程中防护措施不当，则极有可能出现安全事故。因此，电位转移过程中的脉冲电流也应作为带电作业安全防护的对象。

根据上述分析可知，用于±660kV 直流输电线路的带电作业安全防护用具，必须具备对合成场、离子流、电位转移脉冲电流等对象进行防护的能力。因此，±660kV 直流输电线路带电作业安全防护需在分析防护对象特性的基础上，通过试验对防护用具进行验证，明确安全防护用具的技术条件，并制定安全防护措施。

二、 带电作业安全防护分析及计算

（一） ±660kV直流输电线路作业人员体表合成场场强计算

为全面了解±660kV 直流输电线路空间及作业人员体表的电场分布及强度，实验人员采用三维有限元计算方法进行了计算研究。由于目前对直流合成场（包含畸变情况）的三维建模计算还没有成熟规范的方法，因此在本计算中只考虑静电场，不考虑导线的电晕情况和空间离子流电场。

考虑铁塔的影响，不考虑离子流和人体的影响，铁塔周围的电场分布如图 2-2-1 所示，铁塔周围的电场强度分布如图 2-2-2 所示，铁塔周围的电场强度分布等值线如图 2-2-3所示。

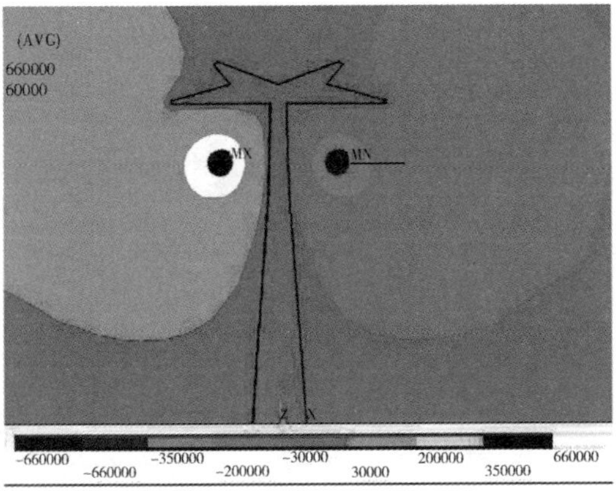

图 2-2-1
铁塔周围电场分布（不考虑离子流和人体影响）

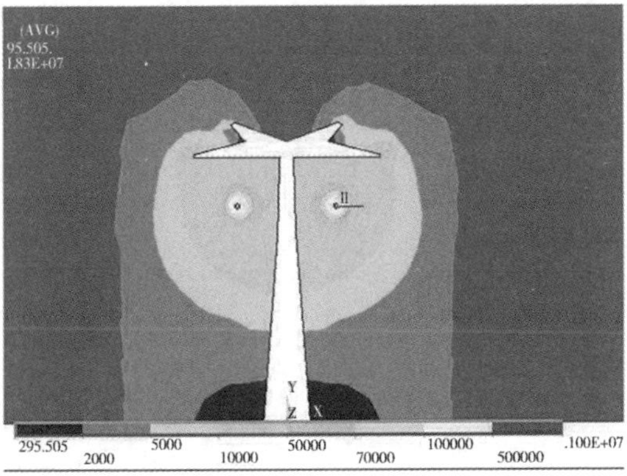

图 2-2-2
铁塔周围电场强度分布（不考虑离子流和人体影响）

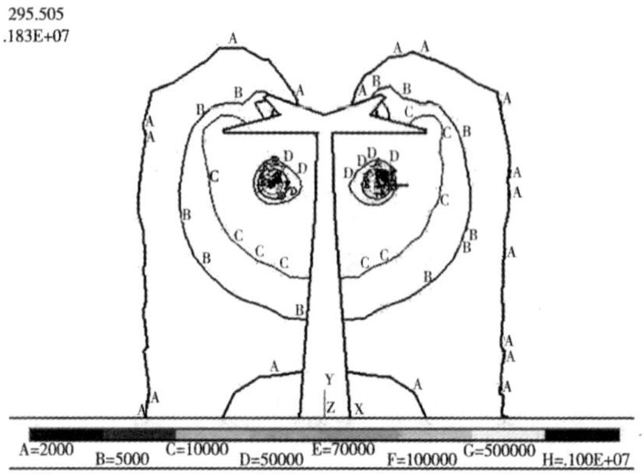

图 2-2-3
铁塔周围电场强度分布等值线（不考虑离子流和人体影响）

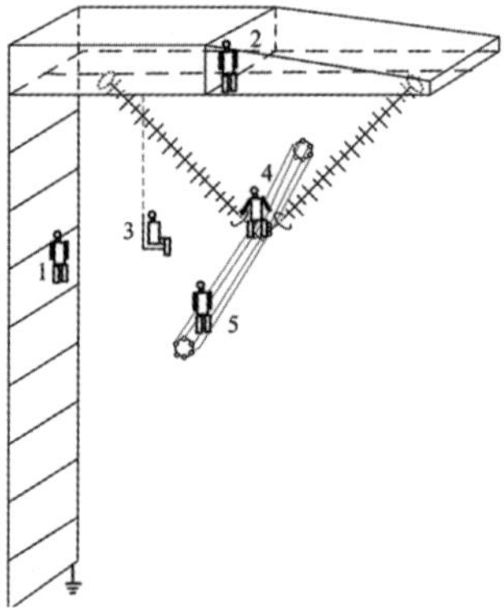

图 2-2-4
带电作业过程中的电场测量位置示意图

1—塔身　2—横担内　3—中间电位　4—导线上
5—距塔窗 10m 处导线上

本次计算针对带电作业过程中作业人员在典型位置处的电场强度进行了计算，作业人员的位置如图 2-2-4 所示，计算结果可为带电作业过程中作业人员的防护提供依据。

1. 作业位置 1 处计算值

作业位置 1，即塔身表面与导线等高处的电场强度计算值为 46.8kV/m（见表 2-2-1）。

表 2-2-1

作业位置 1 处场强

位置	场强（kV/m）
塔身内	—
塔身外	46.8

2. 作业位置 2 处计算值

作业位置 2，即横担表面与导线相对应处的电场强度计算值为 44.6kV/m（见表 2-2-2）。

表 2-2-2

作业位置 2 处场强

位置	场强（kV/m）
横担内	—
横担外	44.6

3. 作业位置 3 处计算值

作业位置 3，即中间电位（距均压环 2.5m）处的电场强度分布图如图 2-2-5 所示，电场强度计算值见表 2-2-3。

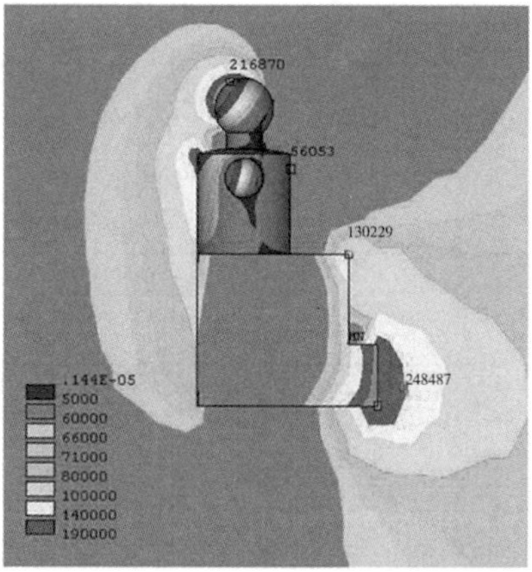

图 2-2-5
作业位置 3 处电场强度分布图

表 2-2-3
作业位置 3 处场强

位置	场强（kV/m）
头顶	216.8
胸前	56.1
吊篮外	130
脚尖	248.5

4. 作业位置 4 处计算值

作业位置 4，即导线上的电场强度分布图如图 2-2-6 所示，电场强度计算值见表 2-2-4。

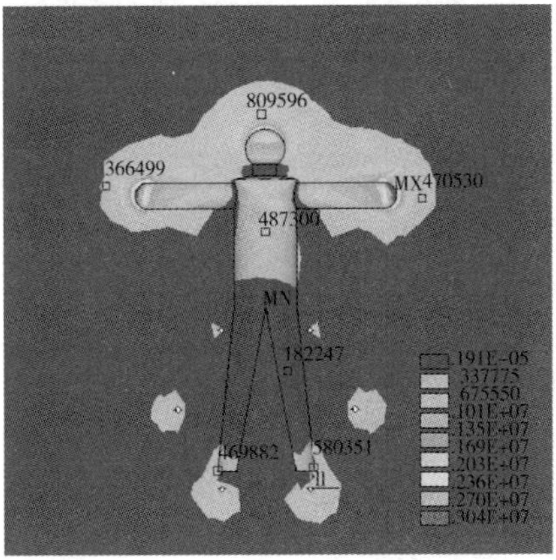

图 2-2-6
作业位置 4 处电场强度分布图

表 2-2-4
作业位置 4 处场强

位置	场强（kV/m）	备注
头顶	809	—
胸前	487	—
手部	366	远离铁塔
	471	指向铁塔
脚	580	—

5. 作业位置 5 处计算值

作业位置 5，即距塔窗 10m 处导线上的电场强度分布图如图 2-2-7 所示，电场强度计算值见表 2-2-5。

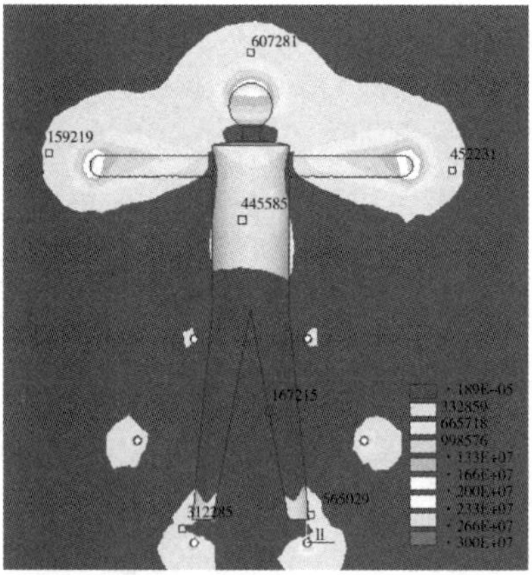

图 2-2-7
作业位置 5 处电场强度分布图

表 2-2-5
作业位置 5 处场强

位置	场强（kV/m）	备注
头顶	607	—
胸前	445	—
手部	453	远离铁塔
	159	指向铁塔
脚	565	—

（二）与±500kV直流输电线路作业人员体表合成场场强对比

对于±500kV直流超高压输电线路作业人员体表合成场强度及分布规律，我国已进行过较为详细的研究。±500kV直流输电线路带电作业人员处在塔上不同位置及进入等电位的过程中，其体表及周围电场不断变化，一般规律是：

（1）随着攀登高度的增加，与带电体的距离逐渐减小，其体表场强逐渐增高，在与相导线等高的位置处达到较大值，与导线等电位时达到最大值。

（2）绝缘子（I串）横担端部作业处的体表场强较高。

（3）面向带电导线的部位的体表场强较背向部位的高。

（4）沿水平方向从塔体接近带电体时，身体各部位的体表场强呈U型分布，即头顶和脚尖场强较高，胸腹部场强较低。

实验对±500kV直流超高压输电线路等电位带电作业人员体表的合成场场强也进行了测量。等电位作业中人体体表场强的试验接线如图2-2-8所示。在大气压力100.3kPa、温度30.5℃、相对湿度79%、直流电压+515kV的条件下，测得面部体表场强为19kV/m，屏蔽服内外头顶、脚尖、肩膀、指尖、胸部的场强如表2-2-6所示。

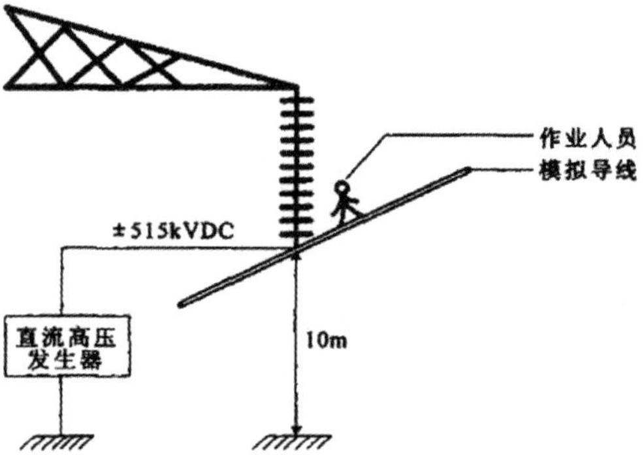

图 2-2-8
±500kV 直流输电线路等电位带电作业人员体表场强测量示意图

表 2-2-6
±500kV 直流输电线路等电位带电作业人员体表场强测量结果（kV/m）

	头顶	脚尖	指尖	胸部
屏蔽服外	194	156	273	132
屏蔽服内	<1	<1	<1	<1

通过对±500kV 直流输电线路等电位带电作业人员体表场强进行测量发现，等电位带电作业人员的头顶场强约为 200kV/m，而±660kV 直流输电线路等电位带电作业人员的头顶场强为 809kV/m，是±500kV 直流输电线路等电位带电作业人员头顶场强的 4 倍。

（三） ±660kV直流输电线路电位转移计算

±660kV直流输电线路的杆塔高、塔头尺寸大，多数带电检修项目需要作业人员进入等电位完成。作业人员在进入等电位的过程中处于中间电位，将带电导线与杆塔之间的间隙分为两段，分别由作业人员与杆塔、作业人员与带电导线构成。

作业人员在接近带电导线的过程中，靠近导线的一面被感应出与直流导线极性相反的电荷，并在最靠近导线的尖端部位（伸出的手臂、脚尖）积聚，造成电场的畸变。当作业人员与导线接近到一定程度时，由于作业人员与导线间的间隙距离减少，再加上电场的畸变作用，作业人员与导线的间隙场强逐渐变高，从而造成此段间隙被击穿。在间隙被击穿的同时，作业人员与导线间形成稳定的电弧，通过电弧弧道，导线上的电荷与人体上感应出来的电荷迅速中和，在极短时间内形成幅值较大的电流。作业人员与导线间形成电弧后，弧道阻抗远远小于作业人员与塔身间空气间隙的阻抗，因此，作业人员与导线间电压迅速降低。当电压下降到一定程度后，电弧通道将被阻断，电荷及能量的转移过程随即停止，电流幅值变为0，从而终止一次脉冲放电。

该次脉冲放电结束后，作业人员与导线间的阻抗恢复、空气间隙又将出现较高的电场，人体上又将被感应出电荷并积聚造成电场畸变，在电场强度增加到一定程度后，作业人员与导线间的空气间隙又将被击穿，从而出现与前一次类似的放电过程。

因此，在作业人员接近导线的过程中，将不断出现间歇性的脉冲放电，直到作业人员最终与导线接触。在电位转移过程中，作业人员与导线的整个放电过程由一系列脉冲放电组成。

根据±660kV 直流输电线路进出等电位模拟试验的观察，当试验模拟人与导线接近约 0.4m 时，模拟人的头部、脚尖等均可能与导线之间产生电弧，多个电弧通道的出现造成脉冲电流具有较大的分散性。经仿真计算可知，±660kV 直流输电线路作业人员距带电导线 0.5m 进行电位转移时，流过人体的最大瞬态能量可达 0.79J。考虑脉冲放电点可能发生在作业人员头部，应借助电位转移棒进行电位转移，电位转移棒的前伸导致脉冲放电点只会在导线与电位转移棒头部发生，可有效保护人体。因此，进行±660kV 直流输电线路带电作业时，推荐使用电位转移棒进行电位转移后，再进入等电位。

1. 计算模型

（1）铁塔及导线、地线参数

计算所选择的塔型如图 2-2-9 所示。

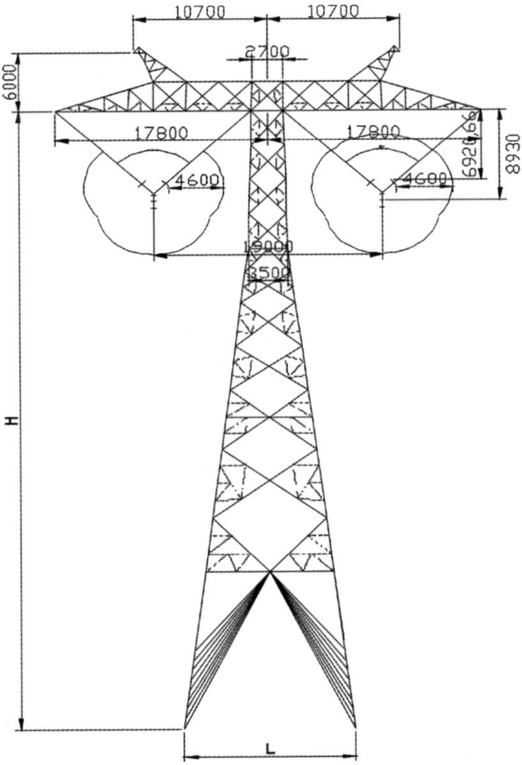

图 2-2-9
铁塔结构图

导线采用 4×JL/G3A-1000/43-72/7 钢芯铝绞线，导线参数见表 2-2-7。设线路的最高工作电压为±660kV。

表 2-2-7
导线、地线参数

项 目		直流线路		接地极引线
架空地线	型号	LBGJ-150-20AC	OPGW-150	GJ-80
	外径（mm）	15.75	/	11.5
	直流电阻（Ω/km）	0.5817	/	2.158
	水平距离（m）	21.4	/	塔中心
	塔上悬挂高度（m）	48.43	/	28.6
	弧垂（m）	11	/	8
	地线是否分段接地	分段接地	/	直接接地
导线	型号	4×JL/G3A-1000/43-72/7		2×2×LGJ-630/45
	外径（mm）	42.08		33.6
	直流电阻（Ω/km）（20°C）	0.02862		0.04633
	分裂间距（mm）	500		600（垂直分裂）
	极间距离（m）	19.0		5.2
	导线塔上悬挂高度（m）	33.5		23.3
	弧垂（m）	16		10
平均大地电阻率（Ω·m）		500		

（2）人体模型

计算特高压输电线路下人体表面电场强度时，人体模型的电气参数主要是电导率和介电常数。

人体不同器官的电导率是不同的，根据文献资料，人体不同器官在工频下的电导率如表2-2-8所示。

表2-2-8
人体不同器官的电导率

序号	器官	电导率（S/m）
1	肺	0.1
2	肝	0.1
3	内脏	0.03
4	头	0.05
5	脑	0.07
6	心脏	0.07
7	脊骨	0.01
8	胳膊	0.1
9	腿	0.1

根据文献研究结果，频率为60Hz时，人体内活组织的相对介电常数约为105~2×106（大脑和肺约为106，脂肪约为105，血液约为2×106）。

本书在计算超高压直流输电线路下人体表面电场强度时，不考虑人体不同器官间电导率及介电常数的差异，假定人体由均匀介质构成，设其电导率为0.1S/m，相对介电常数为105。人体模型各部位的参数分别是：头部为半径10cm

的圆球，颈部为半径 8cm、高 7cm 的圆柱，腰部为半径 16cm、高 65cm 的圆柱，腿部为半径 10cm、高 80cm 的圆柱。人体的总高度为 170cm。

2. 线路周围电磁场的方程

（1）电磁场的基本方程组

Maxwell 方程组是分析电磁场问题的基础，由下列 4 个微分方程组成：

$$\nabla\times H=J+\frac{\partial D}{\partial t} \quad (2-2-1)$$

$$\nabla\times E=-\frac{\partial B}{\partial t} \quad (2-2-2)$$

$$\nabla\cdot B=0 \quad (2-2-3)$$

$$\nabla\cdot D=\rho \quad (2-2-4)$$

在经典电磁理论中，还有电流连续性方程和洛仑兹力方程：

$$\nabla\cdot J=-\frac{\partial\rho}{\partial t} \quad (2-2-5)$$

$$F=qE+q(v\times B) \quad (2-2-6)$$

其中，方程（2-2-3）、（2-2-4）为导出方程，可以由方程（2-2-1）、（2-2-2）、（2-2-5）导出。本书不涉及方程（2-2-6）所描述的物理过程。方程（2-2-1）、（2-2-2）、（2-2-5）构成了经典电动力学的基础，方程中包含了下列变量：电场强度 E（V/m）、电通密度 D（C/m^2）、磁场强度 H（A/m）、磁通密度 B（Wb/m^2）、电荷密度 ρ（C/m^3）、电流密度 J（A/m^2）等。其中，E、D、H、B、J 为 5 个矢量函数，每个矢量函数包含 3 个标量函数，为标量函数，因此共有 16 个标量函数，而（2-2-1）、（2-2-2）、（2-2-5）3 个方程只可以构成 7 个标量方程，无法确定 16 个未知标量函数，因此必须加上描述媒质本构关系的 3 个矢量方程（9 个标量方程），才能描述 16 个标量函数的限定方程组。

（2）媒质的本构关系

本构关系指的是与媒质电磁特性相联系的常量之间的关系，是根据电磁场作用下的媒质分子极化、磁化或电子传导的机理进行实验总结得到的。因此，本构关系提供了对各种媒质（包括电介质、磁介质和导电体媒质）的一种描述。

自由空间的本构关系是：

$$D=\varepsilon_0 E \qquad (2-2-7)$$

$$\varepsilon_0=\frac{1}{36\pi}\times 10^{-9}\,F/m$$

$$B=\mu_0 H \qquad (2-2-8)$$

$$\mu_0=4\pi\times 10^{-7}\,H/m$$

$$J=0 \qquad (2\text{-}2\text{-}9)$$

式中：

ε_0—自由空间的电容率或介电常数

μ_0—自由空间导磁率

各向同性媒质的本构关系是：

$$D=(1+\chi_e)\varepsilon_0 E=\varepsilon E \qquad (2\text{-}2\text{-}10)$$

$$B=(1+\chi_m)\mu_0 E=\mu H \qquad (2\text{-}2\text{-}11)$$

$$J=\sigma E \qquad (2\text{-}2\text{-}12)$$

式中：

ε_0—介电常数

χ_e—相对电极化率

μ—导磁率

χ_m—相对磁极化率

σ—导电率

各向异性媒质的本构关系是：

$$D=\varepsilon E$$

$$B=\mu H$$

$$J=\sigma E$$

式中：

ε—张量导容率，如晶体、恒定磁场中的电子等离子体

μ—张量导磁率，如恒定磁场中的铁氧体

σ—张量导电率，如恒定磁场中的等离子体、半导体中的整流边界

（3）准静态电场

时变电磁场中最重要的一种类型是时间简谐（正弦）场，也称时谐场。在这种形式的场中，激励源以单一频率随时间做正弦变化。在线性系统中，一个变化的源在系统中所有点上都产生随时间做正弦变化的场。

虽然时谐场下产生电场的激励源随时间变化，但对每一瞬间来说，电位的分布规律和静电场的分布规律相同，所不同的是，时变场中的场量不仅是空间的函数，也是时间的函数。

当电场的变化频率很低时，在低频交流电容器内部，库仑电场远大于感应电场，即$\frac{\partial B}{\partial t}\approx 0$，于是：

$$\nabla\times H=J+\frac{\partial D}{\partial t} \qquad (2-2-13)$$

$$\nabla\times E=0 \qquad (2-2-14)$$

$$\nabla\cdot B=0 \qquad (2-2-15)$$

$$\nabla\cdot D=\rho \qquad (2-2-16)$$

由方程（2-2-14）可知：

$$E=-\nabla\varphi \qquad (2-2-17)$$

时变电磁场的控制方程为（2-2-13）和（2-2-16），

此时电场和磁场解耦。

若只考虑电场，则用电流连续性方程代替式（2-2-13），且不考虑方程（2-2-15），这样处理后所得到的控制方程即为准静态电场的控制方程，可表示为：

$$\nabla \cdot \left(J+\frac{\partial D}{\partial t}\right)=0 \qquad (2-2-18)$$

$$\nabla \times E=0 \qquad (2-2-19)$$

根据欧姆定理的微分形式，由式（2-2-10）、（2-2-12）、（2-2-17）、（2-2-18）可得：

$$\nabla \cdot (\sigma \nabla \varphi)+\nabla \cdot \left(\varepsilon \nabla \frac{\partial \varphi}{\partial t}\right)=0 \qquad (2-2-20)$$

对于静态电场而言，上式变为：

$$\nabla \cdot (\sigma \nabla \varphi)=0 \qquad (2-2-21)$$

在时谐电场的计算中，式（2-2-20）可写为如下形式：

$$\nabla \cdot (\sigma \nabla \varphi)-j\frac{1}{\omega}\nabla \cdot (\varepsilon \nabla \varphi)=0 \qquad (2-2-22)$$

式（2-2-22）即为准静态电场有限元计算中所用的控制方程。式中，ω 为工作频率。

（4）媒质分界面的边界条件

上述微分方程只适用于媒质的物理性质（ε、μ、σ）处处连续的空间，在不同媒质的分解面上，矢量函数 E、D、H、B 会有不连续的突变，这时上述微分方程便失去意义，必须单独考虑它们在分界面上的关系，这些关系由 Maxwell 方程组的积分形式所制约。

在媒质分界面上，E、D、J的边界条件为：

$$E_{t1}=E_{t2} \tag{2-2-23}$$

$$D_{1n}-D_{2n}=\rho_s \tag{2-2-24}$$

$$J_{1n}+\frac{\partial D_{1n}}{\partial t}=J_{2n}+\frac{\partial D_{2n}}{\partial t} \tag{2-2-25}$$

若用电位 φ 来表示不同介质分界面的边界条件，式（2-2-23）、(2-2-24)、(2-2-25) 可写为如下形式：

$$\varphi_1=\varphi_2 \tag{2-2-26}$$

$$\varepsilon_1\frac{\partial \varphi_1}{\partial n}-\varepsilon_2\frac{\partial \varphi_2}{\partial n}=\rho_s \tag{2-2-27}$$

$$J_{1n}+\varepsilon_1\frac{\partial}{\partial t}\left(\frac{\partial \varphi_1}{\partial n}\right)=J_{2n}+\varepsilon_2\frac{\partial}{\partial t}\left(\frac{\partial \varphi_2}{\partial n}\right) \tag{2-2-28}$$

3. 有限元法

有限元法作为一种有力的工程分析方法，被广泛地应用于各种研究领域，是求解复杂工程问题的一种近似数值分析方法。

有限元法的基本思想是将一个复杂的连续介质的求解区域分解为有限个形状简单的子区域（单元），形成原区域的等效离散区域，从而把求解连续体的场变量问题简化为求解有限个单元节点上的场变量问题，而后将求解描述真实连续场变量的微分方程组简化为求解代数方程组，最终得到近似的数值解。

作为一种数值计算方法，有限元法并非用来寻求问题的解析解。实际上，很多工程问题目前都无法找到解析解。那么，有限元法在本书分析中的作用就在于求解场的电势函数在每个节点上的近似值。

（1）有限元法的优缺点

有限元法的出现是数值分析方法研究领域的重大突破性进展。与其他数值方法相比，有限元法的突出优点是：

①离散化过程保持了明显的物理意义。变分原理描述了支配物理现象的物理学中的最小作用原理，因此，基于问题固有的物理特性而予以离散化处理、列出计算公式，即可保证方法的正确性、数值解的存在与稳定性等前提要素。

②具有优异的解题能力。与其他数值计算方法相比，有限元法在适应场域边界几何形状、媒质物理性质变异情况复杂的问题求解上有突出的优点。换句话说，方法应用不受上述两个方面复杂程度的限制。

③有限元网格具有很大的灵活性，可以根据一定的条件构造不同类型的单元。在一个求解场域中，既可以使用同一类型单元，也可将不同类型单元组合起来使用，而且同一类型单元可以具有不同的形状。因此，有限元网格可以很方便

地模拟不同形状的边界面和交界面。

④边界条件的处理容易并入有限元数学模型，可方便地编写通用计算程序，使之构成模块化的子程序集合，适应计算功能延拓的需要，从而构成各种高效能的计算软件包。

⑤从数学理论意义上讲，有限元法使微分方程的解法与理论面目一新，推动了泛函分析与计算方法的发展。

有限元法的主要缺点是针对形状和分布复杂的三维问题，由于其变量多、剖分要求细，特别是包含了开域自由空间的电磁计算问题，其建模及求解比较困难。

（2）有限元法的原理

应用有限元法求解电势分布的关键，在于找出节点上的电势值。

应用一组线性独立的尝试函数 ψ_i 和待定系数 C_i 来表示方程的近似解，并用加权余数法（迦辽金法）和变分法（瑞利—里兹法）来求解这些待定系数。

对于泊松方程而言，无论是采用加权余数法还是变分法，其导出的矩阵方程在形式上都完全相同；对于拉普拉斯方程而言，则方程组右侧各项为0。

矩阵方程的形式为：

$$[K][b]=[f] \tag{2-2-29}$$

其中，[K]为 n×n 阶系数矩阵，[b]为 n×1 阶节点势函数矩阵，[f] 为 n×1 阶激励矩阵。

$$K_{ij}=K_{ji}=\int_{\Omega}\nabla\psi_i\nabla\psi_j d\Omega \qquad (2-2-30)$$

$$f_i=\int_{\Omega}q\psi_i d\Omega \qquad (2-2-31)$$

当 $q=0$，即激励为 0 时，$f_i=0$。

令待定系数等于节点上的势函数值，于是矩阵方程变为：

$$[K]\ [\phi]=[f] \qquad (2-2-32)$$

为了简化积分过程，应使积分局部化，也即使得出的整体积分可以按每个单元进行独立计算。为了实现这一目的，需要选择适当的尝试函数。实际上，尝试函数代表了单元上近似解的一种插值关系，决定了近似解在单元上的形状。因此，尝试函数在有限元法中被称为形函数。对应于每个节点都有一个相应的形函数，该形函数在该节点上的值为 1，而在其他节点上的值都为 0。

由于整个区域被划分为许多有限元，系数矩阵的任意一个元素 K_{ij} 的计算便可以先针对每一个单元分别进行计算，然后将各单元的积分结果相加。若用 N 表示单元的个数，则 K_{ij} 的计算过程可写为：

$$K_{ij}=\sum_{e=1}^{N}\int_{\Omega^e}\nabla\psi_i\nabla\psi_j d\Omega=\sum_{e=1}^{N}K_{ij}^{e} \qquad (2-2-33)$$

$$K_{ij}^{e}=\int_{\Omega^e}\nabla\psi_i^{e}\ \nabla\psi_j^{e} d\Omega \qquad (2-2-34)$$

其中，上标 e 表示对应于某个单元的量，Ω^e 表示对应于某个单元的子区域，K_{ij}^{e} 可以认为是局部系数矩阵的某一单元元素，即某个单元元素对整体系数矩阵的一份贡献。于是，整体系数矩阵便由各个独立的局部系数矩阵总和而成。

用同样的原理，可以将整体激励矩阵的某一元素 f_i 表示为对应于各个单元的积分之和：

$$f_i = \sum_{e=1}^{N} \int_{\Omega^e} q\psi_i d\Omega = \sum_{e=1}^{N} f_i^e \qquad (2-2-35)$$

$$f_i^e = \int_{\Omega^e} q\nabla\psi_i^e d\Omega \qquad (2-2-36)$$

如果 i 和 j 不属于同一个单元，那么，节点 j 的形函数 ψ_j 在包含节点 i 的单元上恒为 0。这样，当计算整体系数矩阵和整体激励矩阵的元素时，只需依次对每一个单元进行局部的、单独的计算；在计算某个单元时，只处理与该单元对应的节点和形函数，而不必考虑整个区域中的其他单元和节点。也就是说，当计算某一个单元对系数矩阵和前后左右矩阵的局部贡献时，对应于与该单元不相邻的节点上的 K_{ij}^e 和 f_i^e 都视为 0。

4. 作业人员进行电位转移时，流过人体的能量

当人体接近导线时，等效电路可由图 2-2-10 表示。其中，C_1 为人体与导线间的部分电容，C_2 为人体与铁塔、大地及其他相导体间的等效互部分电容。

人体通过转移棒或直接进入等位点的瞬间，相当于电键 K 闭合，电容 C_1 所储存的能量由人体释放。由于电容 C_1、C_2 均较小，放电时间很短，可近似认为在电位转移过程中，各极导线的电位恒定。

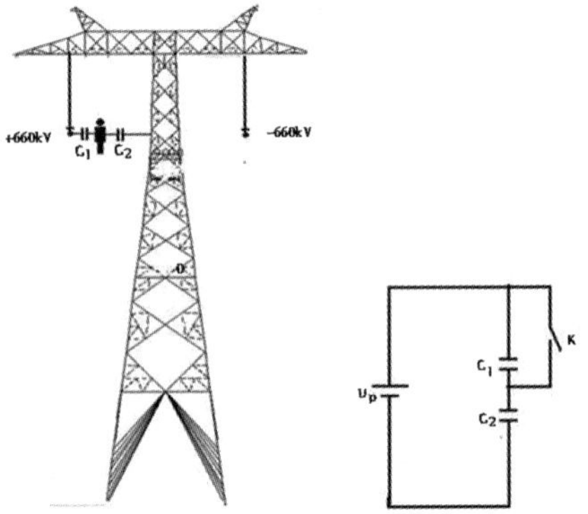

(a)人体位置示意图　　（b）等效电路图

图 2-2-10

人体接近导线时的人体位置示意图和等效电路图

K 闭合前，C_1 两端的电压为：

$$U_1 = \frac{C_2}{C_1 + C_2} U_p \qquad (2\text{-}2\text{-}37)$$

式中，U_p 为被接触导线的电压。

K 闭合时，由电容 C_1 释放的能量为：

$$W = \frac{1}{2} C_1 U_1^2 \qquad (2\text{-}2\text{-}38)$$

人体与被接触导线，人体与大地、铁塔及其他导线间的等效电容，可先由有限元方法计算电位分布，再由电容定义计算得出。

各导线加载电压时，设人体不带电荷，计算人体与被接

触导线间的电压 dU_1、人体与地间的电压 U_1，则有：

$$dU_1C_1+U_1C_2=0 \qquad (2-2-39)$$

线路电压不变时，对人体加较小的电荷量 dq，计算人体与被接触导线间的电压 dU_2、人体与地间的电压 U_2，则有：

$$dU_2C_1+U_2C_2=0 \qquad (2-2-40)$$

求解由式（2-2-39）、（2-2-40）组成的方程组，即可得出等效电容 C_1 和 C_2。

（1）距导线 1m 接触导线时，流过人体的能量

设正负极相对地的电位分别为±660kV，人体无净电荷，人体与分裂导线外侧的距离为 1m，则人体周围的电位分布如图 2-2-11、2-2-12 所示，人体周围的电场强度分布如图 2-2-13 所示。

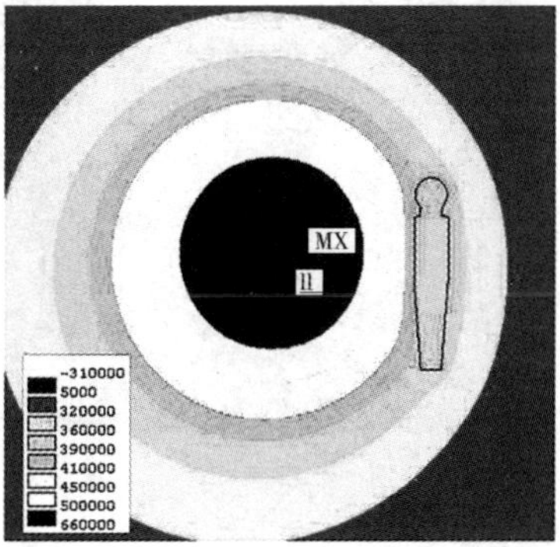

图 2-2-11
人体周围电位分布图

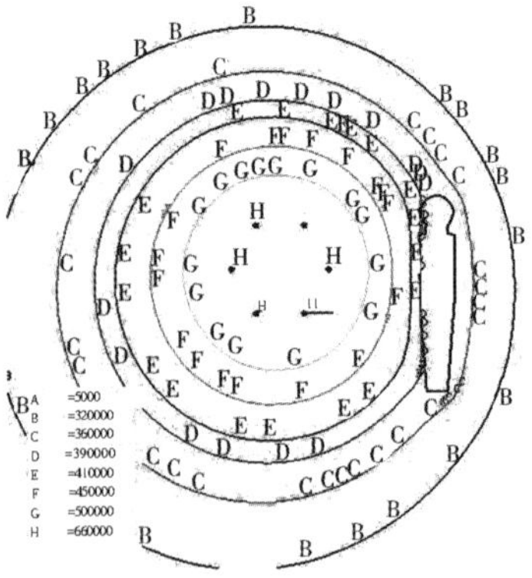

图 2-2-12
人体周围电位等值线

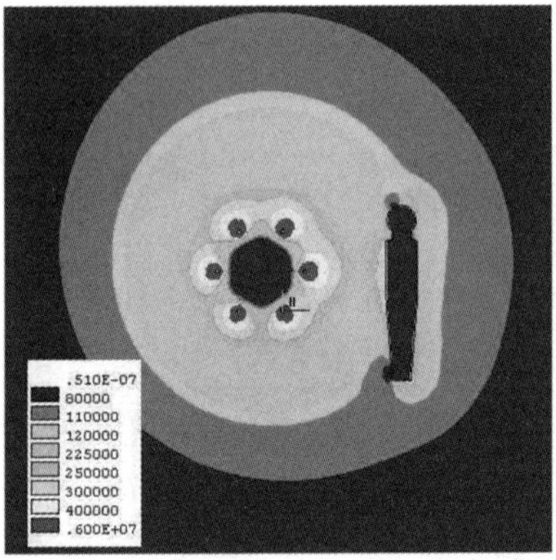

图 2-2-13
人体周围电场强度分布图（kV/m）

人体不带净电荷时，导线与人体间的电压约为：dU_1 = 274.726kV；人体与大地间的电压约为：U_1 = 385.273kV。

设人体带净电荷 $dq = 1\times10^{-6}$C，则导线与人体间的电压为：dU_2 = 132.974kV；人体与大地间的电压约为：U_2 = 792.974kV。

通过计算得出，人体与导线间的电容为：C_1 = 28.636pF；人体与铁塔、大地及其他导线间的等效电容为：C_2 = 20.419pF。

设线路的最高工作电压为±660kV，则人体进入等电位点时，流过人体的最大瞬态能量为：W = 1.08J。

电位转移时，设电位转移棒、接触电阻的大小不同，则通过转移棒的瞬态电流不同。设转移棒和接触电阻之和为100Ω或200Ω，则电位转移时瞬态电流波形如图2-2-14所示。

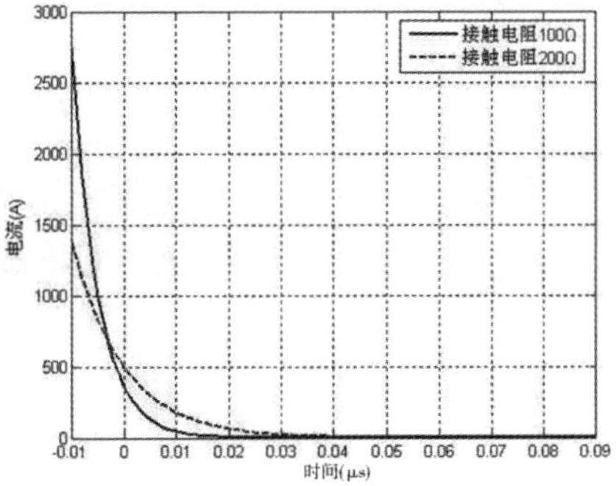

图 2-2-14
距导线1m处电位转移时瞬态电流波形图

由以上计算结果可知，增加电位转移棒的电阻，可减小电位转移时的冲击电流，但也增加了放电时间。

（2）距导线 0.5m 接触导线时，流过人体的能量

当人体与边子导线间距为 0.5m 时，由有限元计算方法可知，人体周围的电位分布如图 2-2-15、2-2-16 所示，人体周围的电场强度分布如图 2-2-17 所示。

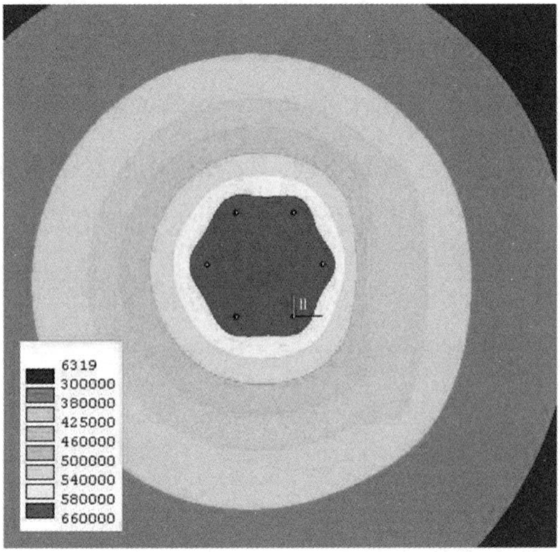

图 2-2-15
人体周围电位分布图

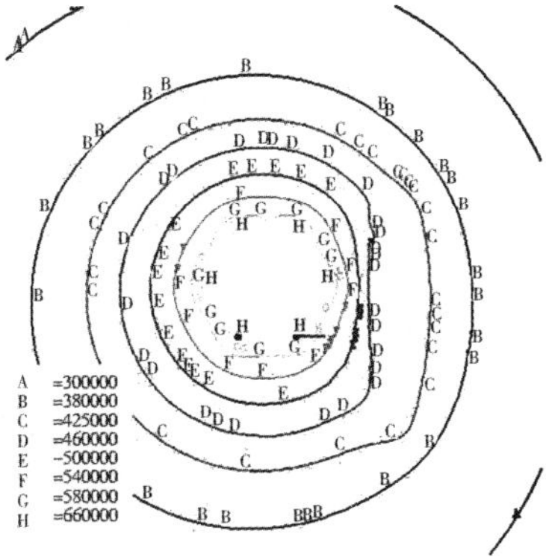

图 2-2-16
人体周围电位等值线

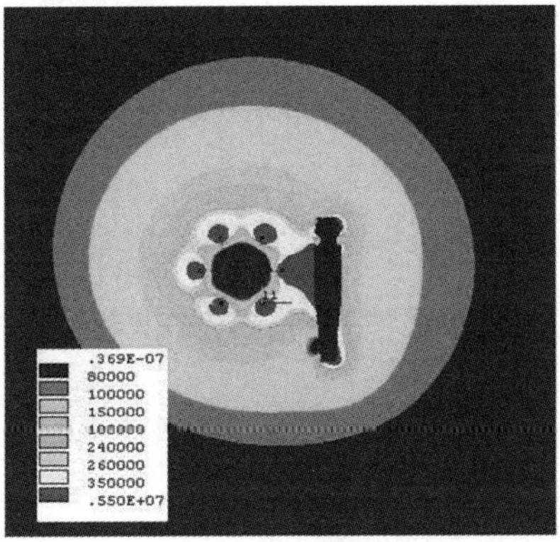

图 2-2-17
人体周围电场强度分布图（kV/m）

通过计算得出，人体与导线间的电容为：$C_1 = 37.39pF$；人体与铁塔、大地及其他导线间的等效电容为：$C_2 = 16.87pF$。

设线路的最高工作电压为±660kV，则人体进入等电位点时，流过人体的最大瞬态能量为：$W = 0.79J$。

设转移棒和接触电阻之和为100Ω或200Ω，则电位转移时瞬态电流波形如图2-2-18所示。

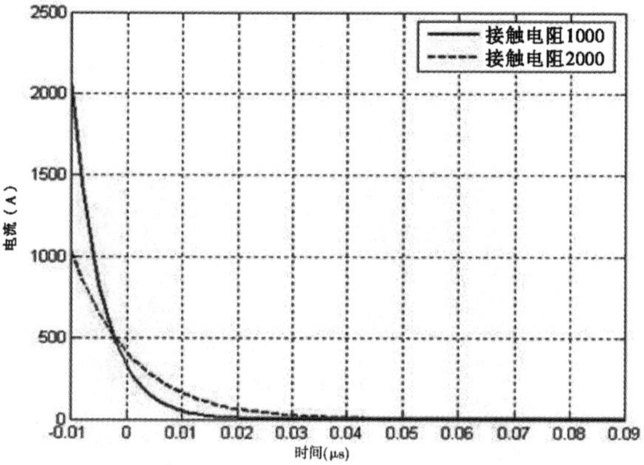

图2-2-18

距导线0.5m处电位转移时瞬态电流波形图

一般来说，采用导电手套接触带电导线时，由于身穿屏蔽服的人体相距带电导线较近，相当于电容器的两个极板较近，感应电荷增多，其冲击电流也较大。如果作业人员用电位转移棒与导线接触，则人体可以对导线保持较大的距离，使感应电荷减小，冲击电流也减小，从而避免等电位瞬间冲击电流对人体造成不良影响。

（四） 适用于±660kV直流输电线路的屏蔽服基本参数

由于直流输电线路电压及电晕的作用，导线附近空间存在带电粒子，带电粒子在直流电场作用下，定向移动形成空间离子电流，直流输电线路周围的电场为直流静电场和空间离子电流场的综合场。在直流输电线路带电作业中，影响作业人员安全的主要因素是强直流电场的作用和电晕产生离子流的作用。

目前，500kV及以下电压等级输电线路的带电作业研究已经比较成熟，在±660kV直流输电线路带电作业中，由于所处的场强远高于500kV及以下电压等级，作业人员所受影响更大，有必要对带电作业屏蔽服进行重点关注和研究，以限制流入人体的空间离子电流和屏蔽直流综合场，从而保障直流电场中作业人员的安全。

屏蔽服是带电作业中最重要的安全防护用具。对于直流输电线路等电位作业人员而言，通过人体的电流主要是穿透屏蔽服通过人体的空间离子电流。因此，在直流输电线路上进行带电作业时，屏蔽服可以起到防护作用：屏蔽空间合成场，将衣内场强限制到一个安全值；阻挡空间离子定向移动所形成的电流，使衣内人体电流限制到人体感觉电流以下；在人体转移到不同电位时，将转移的能量通过屏蔽服释放，从而保证电位转移过程中的人体安全。

1. 确定屏蔽服主要技术参数的原则

适用于±660kV 直流输电线路带电作业的屏蔽服必须具有屏蔽合成场、阻挡直流离子电流、释放电位转移时的能量等功能。应根据±660kV 直流输电线路安全防护对象的特性，确定屏蔽服的主要技术参数，并使用试验进行验证，以保证带电作业的安全性。

屏蔽作业空间的合成场是屏蔽服的主要功能之一。±660kV直流输电线路带电作业人员体表的合成场强度远远低于交流特高压输电线路的水平，而且一般认为在同样的场强下，直流电场对人体的影响要低于交流电场。因此，在制定直流输电线路带电作业场强防护标准时，可沿用交流输电线路带电作业中防护电场的要求。

直流暂态电击给人的感觉与电击电流的大小有关：电击电流小于 1mA 时，人无感觉；电击电流达 5mA 时，人有轻微的刺激感；电击电流达 9mA 时，人有不舒服的电击感，肌肉未失控；电击电流达 62mA 时，人有疼痛的电击感，但肌肉未失控，99.5%的人能摆脱。

关于人体在直流电场作用下的感受，±500kV 电压等级的试验结果表明，毛发和皮肤对直流电场最敏感：在地面电场强度小于 30kV/m 的地方，皮肤感觉不明显；在地面电场强度达到 30kV/m 的地方，外露皮肤有微弱刺激感；在地面电场强度达到 35kV/m 的地方，外露皮肤有较明显的刺激感；在地面电场强度达到 38kV/m 的地方，外露皮肤有很明显的刺激感；在地面电场强度达到 44kV/m 的地方，外露皮肤有很强烈的刺激感。

GB/T 6568-2008《带电作业用屏蔽服装》规定，进行交流带电作业时，人体裸露部位局部最大交流场强应小于 240kV/m，屏蔽服内局部最大交流场强应小于 15kV/m。由于在同一电场值下，人对直流的感知水平低于对交流的，在 ±660kV直流输电线路最高运行电压带电作业中，以屏蔽服内局部最大场强不超过 15kV/m、裸露部位局部最大场强不超过 240kV/m 为屏蔽服主要技术参数基准原则之一。

由于在直流线路下只存在电晕引起的离子电流，其幅值比交流线路对地容性电流低 1～2 个数量级。IEC 资料显示，要达到等效的人体电流效应，直流与交流电流的有效值之比为 2～4。目前我国国家标准规定，交流线路附近长期通过人体的电流应小于 50μA。以往研究结果表明，使用直流屏蔽服进行带电作业时，要限制人体电流小于 50μA 是不难做到的。因此可参照对交流电流的规定，以直流线路附近带电作业时流经人体的电流不超过50μA为±660kV直流输电线路屏蔽服又一主要技术参数基准原则。

2. ±660kV屏蔽服的主要技术参数

GB/T 6568-2008《带电作业用屏蔽服装》适用于交流110（66）kV~750kV、直流±500kV及以下电压等级的电气设备，对带电作业用屏蔽服装进行了规范。GB/T 25726-2010《1000kV交流带电作业用屏蔽服装》适用于交流1000kV电压等级的电气设备，对带电作业用屏蔽服装进行了规范。

目前，关于±800kV和±660kV直流带电作业用屏蔽服还没有国家标准可循。在±800kV直流带电作业研究及应用中使用的屏蔽服型号与1000kV使用的屏蔽服型号相同，能够满足相关技术标准，有过良好的应用记录。对±660kV与±800kV屏蔽服参数进行比较后发现，±800kV条件下使用的屏蔽服同样能够满足±660kV带电作业。因此，±660kV屏蔽服技术参数主要参考1000kV和±800kV带电作业用屏蔽服装主要参数。

整套±660kV屏蔽服包括上衣、裤子、帽子、面罩、手套、短袜、鞋子以及相应的连接线和连接头。按照标准要求，屏蔽服应具有较好的屏蔽性能、较低的电阻、适当的载流容量、一定的阻燃性及较好的服用性能，整套屏蔽服间应有可靠的电气连接；整套屏蔽服各部件应经过2个可拆卸的连接头进行可靠的电气连接，连接头在工作过程中不应脱开，且各最远端点间的电阻值不大于20Ω。在规定的使用电压等级下，衣服内的体表场强不大于15kV/m，流经人体的电流不大于50μA，人体外露部位的体表局部场强不得大于240kV/m，在进行整套屏蔽服的通流容量试验时，屏蔽服任何部位的温升不得超过50℃。屏蔽服各部分的电阻值要求如表2-2-9所示。

表2-2-9

屏蔽服各部分的电阻值要求

类别	电阻值（Ω）
上衣	<15（最远端点之间）
裤子	<15（最远端点之间）
手套	<15
短袜	<15
鞋子	<500

另外，帽子的保护盖舌和外伸边缘必须确保人体外露部位不产生不舒适感，并确保在最高使用电压下，人体外露部位的表面场强不大于240kV/m。

GB/T 6568-2008和IEC 60895-2002标准对于屏蔽服衣

料的具体要求如表 2-2-10 所示。

表 2-2-10

带电作业用屏蔽服装衣料性能标准

<table>
<tr><th rowspan="2">序号</th><th rowspan="2" colspan="2">衣料性能</th><th colspan="2">标准规定值</th></tr>
<tr><th>GB/T 6568-2008</th><th>IEC 60895-2002</th></tr>
<tr><td>1</td><td colspan="2">交流电场屏蔽效率（dB）</td><td>>40</td><td>>40</td></tr>
<tr><td>2</td><td colspan="2">衣料电阻（Ω）</td><td>≯ 0.8</td><td>≯ 1.0</td></tr>
<tr><td>3</td><td colspan="2">衣料熔断电流（A）</td><td>>5</td><td>>5</td></tr>
<tr><td rowspan="2">4</td><td rowspan="2">耐燃</td><td>炭长（mm）</td><td>≯ 300</td><td>≯ 300</td></tr>
<tr><td>烧坏面积（cm^2）</td><td>≯ 100</td><td>≯ 100</td></tr>
<tr><td>5</td><td colspan="2">金属网屏蔽面纱屏蔽效率（dB）</td><td>/</td><td>/</td></tr>
<tr><td>6</td><td colspan="2">鞋子（Ω）</td><td>≯ 500</td><td>≯ 500</td></tr>
<tr><td>7</td><td>整套屏蔽服装电阻（Ω）</td><td>任意最远端点之间</td><td>≯ 20</td><td>≯ 40</td></tr>
</table>

参考以上标准及±800kV 直流特高压、1000kV 交流特高压输电线路屏蔽服的主要参数，现确定适用于±660kV 直流输电线路屏蔽服的主要参数如下：

（1）采用屏蔽效率不小于 40dB 的屏蔽服布料；衣料熔断电流不小于 5A；整套屏蔽服各最远端点间的电阻值不超过 20Ω。

（2）屏蔽服内部最大电场不超过15kV/m，面罩内部最大电场不超过240kV/m。在500kV及以下电压等级的带电作业中，如果屏蔽服帽子的保护盖舌和外伸边缘足够大，即可保证作业人员面部场强低于人体感知水平240kV/m，满足作业条件。但对于±660kV带电作业而言，仅依靠增大帽子的保护盖舌面积无法达到技术要求，因此需对作业人员面部进行专门防护，即设置屏蔽面罩。

（3）流经人体的电流不超过50μA。

（4）在进行整套屏蔽服的通流容量试验时，屏蔽服任何部位的温升不得超过50℃。

（五）结论

为保证±660kV直流输电线路带电作业的顺利开展，项目组针对作业人员体表合成场、电位转移脉冲电流等主要危险源的特性进行了深入分析，确定了±660kV直流输电线路带电作业安全防护的技术指标。主要结论如下：

（1）通过综合分析仿真计算与实际测量的结果发现，±660kV直流输电线路带电地电位作业人员的体表场强为44kV/m~47kV/m，在进入等电位的过程中及进行等电位作业时的体表场强均超过了电场感知水平240kV/m，应采取措施予以防护。

（2）距导线1m接触导线时，流过人体的最大瞬态能量为 1.08J，电流脉冲幅值可达 210A，半峰时间约为 0.1μs；距导线 0.5m 接触导线时，流过人体的最大瞬态能量为 0.79J，电流脉冲幅值可达 210A，半峰时间约为 0.1μs。

（3）通过仿真计算发现，人体进入等电位点时，距导线越近，电位转移时的冲击电流幅值和电位转移能量越小；电位转移时，电位转移棒、接触电阻的大小不同，通过转移棒的瞬态电流不同；增加电位转移棒的电阻，可减小电位转移时的冲击电流，但也增加了放电时间。

（4）确定适用于±660kV 直流输电线路屏蔽服的主要参数为：采用屏蔽效率不小于 40dB 的屏蔽服布料；衣料熔断电流不小于 5A；整套屏蔽服各最远端点间的电阻值不超过 20Ω；屏蔽服内部最大场强不超过 15kV/m，面罩内部最大场强不超过 240kV/m；流经人体的电流不超过 50μA；在进行整套屏蔽服的通流容量试验时，屏蔽服任何部位的温升不得超过 50℃。

第三章

±660kV直流输电线路带电作业项目及作业指导书

第一节

直线塔带电作业项目

一、进出等电位方法

对于直线塔，作业人员不得从横担或绝缘子串垂直进出等电位，可采用吊篮（吊椅、吊梯）法、绝缘软梯法等方式进出等电位。

等电位作业人员进出等电位时，与接地体及带电体的各电气间隙距离（包括安全距离、组合间隙）均应满足表3-1-1、表3-1-2的要求。

表3-1-1

等电位作业人员进出等电位时的最小安全距离

作业位置	海拔高度（m）			
	≤500	500～1000	1000～1500	1500～2000
地电位作业人员对带电体 等电位作业人员对塔身	4.2	4.5	4.7	5.0

（续表）

作业位置	海拔高度（m）			
	≤500	500～1000	1000～1500	1500～2000
等电位作业人员对上横担或顶部构架	4.8	5.1	5.3	5.6
注：表中数值不包括人体占位距离，作业中需考虑人体占位距离不得小于0.5m。				

表3-1-2
等电位作业人员进出等电位时的最小组合间隙

海拔高度（m）	最小组合间隙（m）
≤500	4.3
500～1000	4.6
1000～1500	4.8
1500～2000	5.1
注：表中数值不包括人体占位距离，作业中需考虑人体占位距离不得小于0.5m。	

进出等电位过程中使用的吊篮（吊椅、吊梯）必须用吊拉绳索稳固悬吊；吊篮（吊椅、吊梯）的移动速度必须用绝缘滑车组严格控制，做到均匀、慢速；固定吊拉绳索的长度，应准确计算或实际丈量，保证等电位作业人员即将进入

等电位时人体最高部位不超过导线侧均压环。

等电位作业人员在电位转移前，应得到工作负责人的许可，并系好安全带。进行±660kV直流输电线路电位转移时，应采用电位转移棒，电位转移棒应与带电导体可靠接触。进入电位前，在距离带电导体40~50cm时，应将电位转移棒迅速接触带电体；脱离电位时，应先将电位转移棒接触带电导体，作业人员离开带电导体40cm以外后，再迅速收回电位转移棒。进行电位转移时，动作应平稳、准确、快速。

等电位作业人员在进出等电位和等电位作业时，必须有后备保护。

二、 等电位更换间隔棒项目及作业指导书

1. 适用范围：±660kV直流输电线路带电更换间隔棒。

2. 作业方式：等电位作业。

3. 作业人员：工作负责（监护）人1人，等电位电工1人，塔上电工1人，地面电工5人。

4. 主要工器具：绝缘软梯2套，绝缘传递绳2根，间隔棒推拉器1套，间隔棒扳手1把，屏蔽服2套。

5. 操作步骤

（1）工作负责人交代工作任务、安全措施，明确分工，发布工作开始命令。

（2）地面电工搬运帆布至选定位置铺好，并将所需工器

具搬运至帆布上整齐摆放好，检测绝缘工具、屏蔽服，组装工具。

（3）塔上电工和等电位电工穿着试验合格的屏蔽服，确认屏蔽服连接良好。

（4）塔上电工携带 1 号绝缘传递绳登塔，在横担适当位置系好安全带，固定绝缘传递绳。

（5）塔上电工与地面电工配合，使用绝缘传递绳将绝缘软梯传递至横担，固定在适当位置。

（6）地面电工压好绝缘软梯。

（7）等电位电工使用 1 号绝缘传递绳作后备保护，攀登绝缘软梯至距带电体 40cm 处时，申请等电位，得到工作负责人许可后，迅速完成等电位动作。

（8）地面电工将 2 号绝缘传递绳、绝缘滑车和绳套传递给等电位电工。

（9）等电位电工携带绝缘传递绳走线至需更换间隔棒处，坐在 2 号、3 号子导线上，固定绝缘传递绳。

（10）地面电工将间隔棒扳手和间隔棒推拉器传递至等电位电工。等电位电工安装间隔棒推拉器，调整子导线间距，将旧间隔棒拆除并传至地面。

（11）地面电工将新间隔棒传递至等电位电工，等电位电工调整间隔棒推拉器间距以安装新间隔棒。

（12）等电位电工检查无误，经工作负责人许可后，传递工具，再走线返回进电场处，按照进电场的逆顺序退出电场。塔上电工拆除、传递工具，携带绝缘传递绳返回地面，工作结束。

6. 安全措施及注意事项

（1）带电作业应在良好天气下进行。如遇雷电（听见雷声、看见闪电）、雪、雹、雨、雾等，不准进行带电作业。风力大于5级或湿度大于80%，一般不宜进行带电作业。

（2）开展带电作业应办理带电作业工作票。工作前，必须与调度联系，申请停用再启动保护装置。工作结束后，应汇报调度，终结工作票。

（3）工作前，应认真核对线路名称、色标及杆号。工作中，工作负责人应进行全过程监护，及时纠正工作中的不安全行为。

（4）等电位电工和塔上电工应穿着试验合格的全套屏蔽服，确认屏蔽服各部位连接良好。等电位电工必须在屏蔽服内套穿全套阻燃内衣。工作前，应用万用表检测屏蔽服电阻，屏蔽服最远端电阻不得大于20Ω。

（5）工作中，塔上电工对带电体、等电位电工对接地体的最小距离，均不得小于表3-1-1规定的最小安全距离。

（6）等电位电工转移电位时，应使用电位转移棒。等电位电工进出强电场的组合间隙不得小于表 3-1-2 规定的最小安全距离，且必须有后备保护。

（7）绝缘绳索的有效绝缘长度不得小于表 3-3-2 的规定。工作前，应使用 5000V 绝缘摇表对绝缘工具进行摇测，绝缘电阻不得小于 700MΩ。

（8）塔上电工安装完绝缘软梯后，地面电工应对绝缘软梯进行压力试验；等电位电工攀登软梯时，地面电工应控制好等电位电工的绝缘后备保护绳，使其始终处于保护范围之内。

（9）等电位电工走线时，应扎好安全带的长、短腰绳，并时刻检查其磨损程度。

（10）用绝缘绳索传递大件金属物品时，地面上的作业人员应将金属物品接地后再接触，以防电击。

（11）起吊重物前，应由工作负责人检查悬吊情况和所吊物件的捆绑情况，认为可靠后方准试行起吊。起吊重物稍一离地时，应再检查悬吊和捆绑情况，认为可靠后方准继续起吊。

三、 等电位修补导线项目及作业指导书

1. 适用范围：±660kV 直流输电线路带电修补导线。

2. 作业方式：等电位作业。

3. 作业人员：工作负责（监护）人 1 人，等电位电工 1

人，塔上电工1人，地面电工5人。

4. 主要工器具：绝缘软梯2套，绝缘传递绳2根，屏蔽服2套。

5. 操作步骤

(1) 工作负责人交代工作任务、安全措施，明确分工，发布工作开始命令。

(2) 地面电工搬运帆布至选定位置铺好，并将所需工器具搬运至帆布上整齐摆放好，检测绝缘工具、屏蔽服，组装工具。

(3) 塔上电工和等电位电工穿着试验合格的屏蔽服，确认屏蔽服连接良好。

(4) 塔上电工携带1号绝缘传递绳登塔，在横担适当位置系好安全带，固定绝缘传递绳。

(5) 塔上电工与地面电工配合，使用绝缘传递绳将绝缘软梯传递至横担，固定在适当位置。

(6) 地面电工压好绝缘软梯。

(7) 等电位电工使用1号绝缘传递绳作后备保护，攀登绝缘软梯至距带电体40cm处时，申请等电位，得到工作负责人许可后，迅速完成等电位动作。

(8) 地面电工将2号绝缘传递绳、绝缘滑车和绳套传递给等电位电工。

（9）等电位电工携带绝缘传递绳走线至需更换间隔棒处，坐在2号、3号子导线上，固定绝缘传递绳。

（10）地面电工使用绝缘传递绳将预绞丝传递给等电位电工。

（11）等电位电工走线至导线损伤处，坐在2号、3号子导线上，使用砂纸（钢丝刷）将损伤处氧化物打磨干净，再将预绞丝缠绕在导线损伤处。

（12）等电位电工检查无误，经工作负责人许可后，传递工具，再走线返回进电场处，按照进电场的逆顺序退出电场。塔上电工拆除、传递工具，携带绝缘传递绳返回地面，工作结束。

6. 安全措施及注意事项

（1）带电作业应在良好天气下进行。如遇雷电（听见雷声、看见闪电）、雪、雹、雨、雾等，不准进行带电作业。风力大于5级或湿度大于80%，一般不宜进行带电作业。

（2）开展带电作业应办理带电作业工作票。工作前，必须与调度联系，申请停用再启动保护装置。工作结束后，应汇报调度，终结工作票。

（3）工作前，应认真核对线路名称、色标及杆号。工作中，工作负责人应进行全过程监护，及时纠正工作中的不安全行为。

(4) 等电位电工和塔上电工应穿着试验合格的全套屏蔽服，确认屏蔽服各部位连接良好。等电位电工必须在屏蔽服内套穿全套阻燃内衣。工作前，应用万用表检测屏蔽服电阻，屏蔽服最远端电阻不得大于20Ω。

(5) 工作中，塔上电工对带电体、等电位电工对接地体的最小距离，均不得小于表3-1-1规定的最小安全距离。

(6) 等电位电工转移电位时，应使用电位转移棒。等电位电工进出强电场的组合间隙不得小于表3-1-2规定的最小安全距离，且必须有后备保护。

(7) 绝缘绳索的有效绝缘长度不得小于表3-3-2的规定。工作前，应使用5000V绝缘摇表对绝缘工具进行摇测，绝缘电阻不得小于700MΩ。

(8) 塔上电工安装完绝缘软梯后，地面电工应对绝缘软梯进行压力试验；等电位电工攀登软梯时，地面电工应控制好等电位电工的绝缘后备保护绳，使其始终处于保护范围之内。

(9) 等电位电工走线时，应扎好安全带的长、短腰绳，并时刻检查其磨损程度。

(10) 用绝缘绳索传递大件金属物品时，地面上的作业人员应将金属物品接地后再接触，以防电击。

(11) 起吊重物前，应由工作负责人检查悬吊情况和所吊物件的捆绑情况，认为可靠后方准试行起吊。起吊重物稍一离地时，应再检查悬吊和捆绑情况，认为可靠后方准继续起吊。

四、 等电位补装弹簧销项目及作业指导书

1. 适用范围：±660kV 直流输电线路带电补装弹簧销。

2. 作业方式：等电位作业。

3. 作业人员：工作负责（监护）人 1 人，塔上电工 1 人，等电位电工 1 人，地面电工 4 人。

4. 主要工器具：绝缘传递绳 2 根，绝缘滑车 1 个，绝缘软梯 2 套，电位转移棒 1 个，屏蔽服 2 套。

5. 操作步骤

（1）工作负责人交代工作任务、安全措施，明确分工，发布工作开始命令。

（2）地面电工搬运帆布至选定位置铺好，并将所需工器具搬运至帆布上整齐摆放好，检测绝缘工具、屏蔽服，组装工具。

（3）塔上电工和等电位电工穿着试验合格的屏蔽服，确认屏蔽服连接良好。

（4）塔上电工携带绝缘传递绳登塔，在横担适当位置系好安全带，固定绝缘传递绳。

（5）塔上电工与地面电工配合，使用绝缘传递绳将绝缘

软梯传递至横担，固定在适当位置。

（6）地面电工压好绝缘软梯。

（7）等电位电工使用绝缘传递绳作后备保护，攀登绝缘软梯至距带电体40cm处时，申请等电位，得到工作负责人许可后，迅速完成等电位动作。

（8）等电位电工坐在2号、3号子导线上，将缺失的弹簧销补齐并牢固。

（9）等电位电工检查无误，经工作负责人许可后，传递工具，再按照进电场的逆顺序退出电场。塔上电工传递工具，携带绝缘传递绳返回地面，工作结束。

6. 安全措施及注意事项

（1）带电作业应在良好天气下进行。如遇雷电（听见雷声、看见闪电）、雪、雹、雨、雾等，不准进行带电作业。风力大于5级或湿度大于80%，一般不宜进行带电作业。

（2）开展带电作业应办理带电作业工作票。工作前，必须与调度联系，申请停用再启动保护装置。工作结束后，应汇报调度，终结工作票。

（3）工作前，应认真核对线路名称、色标及杆号。工作中，工作负责人应进行全过程监护，及时纠正工作中的不安全行为。

（4）等电位电工和塔上电工应穿着试验合格的全套屏蔽

服，确认屏蔽服各部位连接良好。等电位电工必须在屏蔽服内套穿全套阻燃内衣。工作前，应用万用表检测屏蔽服电阻，屏蔽服最远端电阻不得大于20Ω。

（5）工作中，塔上电工对带电体、等电位电工对接地体的最小距离，均不得小于表3-1-1规定的最小安全距离。

（6）等电位电工转移电位时，应使用电位转移棒。等电位电工进出强电场的组合间隙不得小于表3-1-2规定的最小安全距离，且必须有后备保护。

（7）绝缘绳索的有效绝缘长度不得小于表3-3-2的规定。工作前，应使用5000V绝缘摇表对绝缘工具进行摇测，绝缘电阻不得小于700MΩ。

（8）塔上电工安装完绝缘软梯后，地面电工应对绝缘软梯进行压力试验；等电位电工攀登软梯时，地面电工应控制好等电位电工的绝缘后备保护绳，使其始终处于保护范围之内。

五、 等电位紧固螺栓项目及作业指导书

1. 适用范围：±660kV直流输电线路带电紧固螺栓。

2. 作业方式：等电位作业。

3. 作业人员：工作负责（监护）人1人，塔上电工1人，等电位电工1人，地面电工4人。

4. 主要工器具：绝缘传递绳2根，绝缘滑车1个，绝缘

软梯 2 套，电位转移棒 1 个，屏蔽服 2 套。

5. 操作步骤

（1）工作负责人交代工作任务、安全措施，明确分工，发布工作开始命令。

（2）地面电工搬运帆布至选定位置铺好，并将所需工器具搬运至帆布上整齐摆放好，检测绝缘工具、屏蔽服，组装工具。

（3）塔上电工和等电位电工穿着试验合格的屏蔽服，确认屏蔽服连接良好。

（4）塔上电工携带绝缘传递绳登塔，在横担适当位置系好安全带，固定绝缘传递绳。

（5）塔上电工与地面电工配合，使用绝缘传递绳将绝缘软梯传递至横担，固定在适当位置。

（6）地面电工压好绝缘软梯。

（7）等电位电工使用绝缘传递绳作后备保护，攀登绝缘软梯至距带电体 40cm 处时，申请等电位，得到工作负责人许可后，迅速完成等电位动作。

（8）等电位电工坐在 2 号、3 号子导线上，将螺帽紧固。

（9）等电位电工检查无误，经工作负责人许可后，传递工具，再按照进电场的逆顺序退出电场。塔上电工传递工具，携带绝缘传递绳返回地面，工作结束。

6. 安全措施及注意事项

（1）带电作业应在良好天气下进行。如遇雷电（听见雷声、看见闪电）、雪、雹、雨、雾等，不准进行带电作业。风力大于5级或湿度大于80%，一般不宜进行带电作业。

（2）开展带电作业应办理带电作业工作票。工作前，必须与调度联系，申请停用再启动保护装置。工作结束后，应汇报调度，终结工作票。

（3）工作前，应认真核对线路名称、色标及杆号。工作中，工作负责人应进行全过程监护，及时纠正工作中的不安全行为。

（4）等电位电工和塔上电工应穿着试验合格的全套屏蔽服，确认屏蔽服各部位连接良好。等电位电工必须在屏蔽服内套穿全套阻燃内衣。工作前，应用万用表检测屏蔽服电阻，屏蔽服最远端电阻不得大于20Ω。

（5）工作中，塔上电工对带电体、等电位电工对接地体的最小距离，均不得小于表3-1-1规定的最小安全距离。

（6）等电位电工转移电位时，应使用电位转移棒。等电位电工进出强电场的组合间隙不得小于表3-1-2规定的最小安全距离，且必须有后备保护。

（7）绝缘绳索的有效绝缘长度不得小于表3-3-2的规

定。工作前，应使用 5000V 绝缘摇表对绝缘工具进行摇测，绝缘电阻不得小于 700MΩ。

（8）塔上电工安装完绝缘软梯后，地面电工应对绝缘软梯进行压力试验；等电位电工攀登软梯时，地面电工应控制好等电位电工的绝缘后备保护绳，使其始终处于保护范围之内。

六、 等电位更换单 V 型复合绝缘子项目及作业指导书

方法一：

1. 适用范围：±660kV 直流输电线路直线塔带电更换单 V 型串绝缘子。

2. 作业方式：等电位作业。

3. 作业人员：工作负责（监护）人 1 人，等电位电工 1 人，塔上电工 3 人，地面电工 8 人。

4. 主要工器具：绝缘拉（吊）杆 2 组，液压丝杠 2 组，液压装置 1 套，四分裂提线器 2 个，吊篮 1 套，1-2 滑轮组 1 套，绝缘传递绳 2 根，电位转移棒 1 个，屏蔽服 4 套。

5. 操作步骤

（1）工作负责人交代工作任务、安全措施，明确分工，发布工作开始命令。

（2）地面电工搬运帆布至选定位置铺好，并将所需工器具搬运至帆布上整齐摆放好，检测绝缘工具、屏蔽服，组装

2组液压丝杠—绝缘拉（吊）杆—四分裂提线器。

（3）塔上电工和等电位电工穿着试验合格的屏蔽服，确认屏蔽服连接良好。

（4）塔上电工携带绝缘传递绳登塔，在横担适当位置系好安全带，固定绝缘传递绳。

（5）地面电工对绝缘子外观进行检查，确认完好后，按照组装标准对绝缘子进行组装。

（6）地面电工将吊篮绝缘绳固定在适当位置，并将1-2滑轮组与吊篮进行可靠连接。

（7）塔上电工携带绝缘传递绳登塔至横担适当位置，固定绝缘传递绳，地面电工用绝缘传递绳将吊篮和1-2滑轮组传至横担。

（8）塔上电工在适当位置固定好绝缘吊篮绳和等电位电工的绝缘后备保护绳，塔上电工将1-2滑轮组固定在横担适当位置。

（9）地面电工收紧1-2滑轮组控制绳，等电位电工扎好绝缘后备保护绳、经工作负责人许可后登上吊篮，由地面电工控制绝缘拉绳，塔上电工辅助控制1-2滑轮组，将等电位电工平稳送入强电场。

（10）等电位电工距带电体40cm时，申请等电位，得到工作负责人许可后，迅速完成等电位动作。

（11）地面电工将液压装置传至横担，塔上电工进行相互配合，在横担适当位置将液压装置可靠固定。

（12）地面电工分别将2组液压丝杠—绝缘拉（吊）杆—四分裂提线器传至横担。

（13）塔上电工配合将2组液压丝杠固定在横担，并连接液压油管。等电位电工将四分裂提线器安装在导线上，收紧机械丝杠，取出绝缘子串导线侧U型挂环的弹簧销。

（14）塔上电工收紧液压丝杠，使绝缘子串松弛。

（15）塔上电工和等电位电工将复合绝缘子绑扎牢固，拆开EB挂板与直角挂板的连接螺栓，与地面电工配合使绝缘子串连同拉杆等金具一起脱离横担并传至地面。

（16）地面电工将金具安装在新的复合绝缘子上。

（17）地面电工将新的复合绝缘子传至横担，等电位电工、塔上电工和地面电工按照拆除绝缘子串的逆顺序完成新绝缘子串的安装。

（18）等电位电工和塔上电工检查无误，经工作负责人许可后，拆除、传递工具。等电位电工按照进电场的逆顺序退出电场。塔上电工拆除、传递工具，携带绝缘传递绳返回地面，工作结束。

6. 安全措施及注意事项

（1）带电作业应在良好天气下进行。如遇雷电（听见

雷声、看见闪电）、雪、雹、雨、雾等，不准进行带电作业。风力大于 5 级或湿度大于 80%，一般不宜进行带电作业。

（2）开展带电作业应办理带电作业工作票。工作前，必须与调度联系，申请停用再启动保护装置。工作结束后，应汇报调度，终结工作票。

（3）工作前，应认真核对线路名称、色标及杆号。工作中，工作负责人应进行全过程监护，及时纠正工作中的不安全行为。

（4）等电位电工和塔上电工应穿着试验合格的全套屏蔽服，确认屏蔽服各部位连接良好。等电位电工必须在屏蔽服内套穿全套阻燃内衣。工作前，应用万用表检测屏蔽服电阻，屏蔽服最远端电阻不得大于 20Ω。

（5）工作中，塔上电工对带电体、等电位电工对接地体的最小距离，均不得小于表 3-1-1 规定的最小安全距离。

（6）等电位电工转移电位时，应使用电位转移棒。等电位电工进出强电场的组合间隙不得小于表 3-1-2 规定的最小安全距离，且必须有后备保护。

（7）绝缘承力工具和绝缘绳索的有效绝缘长度不得小于表 3-3-2 的规定。工作前，应使用 5000V 绝缘摇表对绝缘工具进行摇测，绝缘电阻不得小于 700MΩ。

（8）提线承力工具受力后，经检查确认安全可靠后，方可将绝缘子与导线脱离。绝缘子更换后，经检查确认绝缘子受力正常后，方可拆除承力工具。

(9) 松动丝杠时，行程不得过大，丝杠端部应保留50mm，以防脱落。

(10) 用绝缘绳索传递大件金属物品时，地面上的作业人员应将金属物品接地后再接触，以防电击。

(11) 起吊重物前，应由工作负责人检查悬吊情况和所吊物件的捆绑情况，认为可靠后方准试行起吊。起吊重物稍一离地时，应再检查悬吊和捆绑情况，认为可靠后方准继续起吊。

方法二：

1. 适用范围：±660kV 直流输电线路直线塔带电更换双V 型串绝缘子。

2. 作业方式：等电位作业。

3. 作业人员：工作负责（监护）人 1 人，等电位电工 1 人，塔上电工 3 人，地面电工 8 人。

4. 主要工器具：绝缘拉（吊）杆 1 组，液压丝杠 1 组，液压装置 1 套，大刀卡 1 套，吊篮 1 套，1-2 滑轮组 1 套，绝缘传递绳 2 根，电位转移棒 1 个，屏蔽服 4 套。

5. 操作步骤

(1) 工作负责人交代工作任务、安全措施，明确分工，发布工作开始命令。

（2）地面电工搬运帆布至选定位置铺好，并将所需工器具搬运至帆布上整齐摆放好，检测绝缘工具、屏蔽服，组装液压丝杠—绝缘拉（吊）杆—大刀卡。

（3）塔上电工和等电位电工穿着试验合格的屏蔽服，确认屏蔽服连接良好。

（4）塔上电工携带绝缘传递绳登塔，在横担适当位置系好安全带，固定绝缘传递绳。

（5）地面电工对绝缘子外观进行检查，确认完好后，按照组装标准对绝缘子进行组装。

（6）地面电工将吊篮绝缘绳固定在适当位置，并将 1-2 滑轮组与吊篮进行可靠连接。

（7）塔上电工携带绝缘传递绳登塔至横担适当位置，固定绝缘传递绳，地面电工用绝缘传递绳将吊篮和 1-2 滑轮组传至横担。

（8）塔上电工在适当位置固定好绝缘吊篮绳和等电位电工的绝缘后备保护绳，塔上电工将 1-2 滑轮组固定在横担适当位置。

（9）地面电工收紧 1-2 滑轮组控制绳，等电位电工扎好绝缘后备保护绳、经工作负责人许可后登上吊篮，由地面电工控制绝缘拉绳，塔上电工辅助控制 1-2 滑轮组，将等电位电工平稳送入强电场。

（10）等电位电工距带电体40cm时，申请等电位，得到工作负责人许可后，迅速完成等电位动作。

（11）地面电工将液压装置传至横担，塔上电工进行相互配合，在横担适当位置将液压装置可靠固定。

（12）地面电工将液压丝杠—绝缘拉（吊）杆—大刀卡传至横担。

（13）塔上电工配合将液压丝杠固定在横担上，并连接液压油管。等电位电工将大刀卡安装在联板上，并拧紧大刀卡端部螺栓，收紧机械丝杠，取出导线侧U型挂环的弹簧销。

（14）塔上电工收紧液压丝杠，使绝缘子串松弛。

（15）塔上电工和等电位电工将复合绝缘子绑扎牢固，拆开EB挂板与直角挂板的连接螺栓，与地面电工配合使绝缘子串连同拉杆等金具一起脱离横担并传至地面。

（16）地面电工将金具安装在新的复合绝缘子上。

（17）地面电工将新的复合绝缘子传至横担，等电位电工、塔上电工和地面电工按照拆除绝缘子串的逆顺序完成新绝缘子串的安装。

（18）等电位电工和塔上电工检查无误，经工作负责人许可后，拆除、传递工具。等电位电工按照进电场的逆顺序退出电场。塔上电工拆除、传递工具，携带绝缘传递绳返回地面，工作结束。

6. 安全措施及注意事项

（1）带电作业应在良好天气下进行。如遇雷电（听见雷声、看见闪电）、雪、雹、雨、雾等，不准进行带电作业。风力大于 5 级或湿度大于 80%，一般不宜进行带电作业。

（2）开展带电作业应办理带电作业工作票。工作前，必须与调度联系，申请停用再启动保护装置。工作结束后，应汇报调度，终结工作票。

（3）工作前，应认真核对线路名称、色标及杆号。工作中，工作负责人应进行全过程监护，及时纠正工作中的不安全行为。

（4）等电位电工和塔上电工应穿着试验合格的全套屏蔽服，确认屏蔽服各部位连接良好。等电位电工必须在屏蔽服内套穿全套阻燃内衣。工作前，应用万用表检测屏蔽服电阻，屏蔽服最远端电阻不得大于 20Ω。

（5）工作中，塔上电工对带电体、等电位电工对接地体的最小距离，均不得小于表 3-1-1 规定的最小安全距离。

（6）等电位电工转移电位时，应使用电位转移棒。等电位电工进出强电场的组合间隙不得小于表 3-1-2 规定的最小安全距离，且必须有后备保护。

（7）绝缘承力工具和绝缘绳索的有效绝缘长度不得小于表3-3-2的规定。工作前，应使用5000V绝缘摇表对绝缘工具进行摇测，绝缘电阻不得小于700MΩ。

（8）提线承力工具受力后，经检查确认安全可靠后，方可将绝缘子与导线脱离。绝缘子更换后，经检查确认绝缘子受力正常后，方可拆除承力工具。

（9）松动丝杠时，行程不得过大，丝杠端部应保留50mm，以防脱落。

（10）用绝缘绳索传递大件金属物品时，地面上的作业人员应将金属物品接地后再接触，以防电击。

（11）起吊重物前，应由工作负责人检查悬吊情况和所吊物件的捆绑情况，认为可靠后方准试行起吊。起吊重物稍一离地时，应再检查悬吊和捆绑情况，认为可靠后方准继续起吊。

七、 等电位更换双L型复合绝缘子项目及作业指导书

1. 适用范围：±660kV直流输电线路直线塔带电更换双L型串绝缘子。

2. 作业方式：等电位作业。

3. 作业人员：工作负责（监护）人1人，等电位电工1人，塔上电工3人，地面电工8人。

4. 主要工器具：绝缘拉（吊）杆1组，液压丝杠1组，

液压装置1套，大刀卡1套，吊篮1套，1-2滑轮组1套，绝缘传递绳2根，电位转移棒1个，屏蔽服4套。

5. 操作步骤

（1）工作负责人交代工作任务、安全措施，明确分工，发布工作开始命令。

（2）地面电工搬运帆布至选定位置铺好，并将所需工器具搬运至帆布上整齐摆放好，检测绝缘工具、屏蔽服，组装液压丝杠—绝缘拉（吊）杆—大刀卡。

（3）塔上电工和等电位电工穿着试验合格的屏蔽服，确认屏蔽服连接良好。

（4）塔上电工携带绝缘传递绳登塔，在横担适当位置系好安全带，固定绝缘传递绳。

（5）地面电工对绝缘子外观进行检查，确认完好后，按照组装标准对绝缘子进行组装。

（6）地面电工将吊篮绝缘绳固定在适当位置，并将1-2滑轮组与吊篮进行可靠连接。

（7）塔上电工携带绝缘传递绳登塔至横担适当位置，固定绝缘传递绳，地面电工用绝缘传递绳将吊篮及1-2滑轮组传至横担。

（8）塔上电工在适当位置固定好绝缘吊篮绳和等电位电工的绝缘后备保护绳，塔上电工将1-2滑轮组固定在横担适当位置。

（9）地面电工收紧1-2滑轮组控制绳，等电位电工扎好绝缘后备保护绳、经工作负责人许可后登上吊篮，由地面电工控制绝缘拉绳，塔上电工辅助控制1-2滑轮组，将等电位电工平稳送入强电场。

（10）等电位电工距带电体40cm时，申请等电位，得到工作负责人许可后，迅速完成等电位动作。

（11）地面电工将液压装置传至横担，塔上电工进行相互配合，在横担适当位置将液压装置可靠固定。

（12）地面电工将液压丝杠—绝缘拉（吊）杆—大刀卡传至横担。

（13）塔上电工配合将液压丝杠固定在横担上，并连接液压油管。等电位电工将大刀卡安装在联板上，并拧紧大刀卡端部螺栓，收紧机械丝杠，取出导线侧U型挂环的弹簧销。

（14）塔上电工收紧液压丝杠，使绝缘子串松弛。

（15）塔上电工和等电位电工将复合绝缘子绑扎牢固，拆开EB挂板与直角挂板的连接螺栓，与地面电工配合使绝缘子串连同拉杆等金具一起脱离横担并传至地面。

（16）地面电工将金具安装在新的复合绝缘子上。

（17）地面电工将新的复合绝缘子传至横担，等电位电工、塔上电工和地面电工按照拆除绝缘子串的逆顺序完成新绝缘子串的安装。

（18）等电位电工和塔上电工检查无误，经工作负责人许可后，拆除、传递工具。等电位电工按照进电场的逆顺序退出电场。塔上电工拆除、传递工具，携带绝缘传递绳返回地面，工作结束。

6. 安全措施及注意事项

（1）带电作业应在良好天气下进行。如遇雷电（听见雷声、看见闪电）、雪、雹、雨、雾等，不准进行带电作业。风力大于 5 级或湿度大于 80%，一般不宜进行带电作业。

（2）开展带电作业应办理带电作业工作票。工作前，必须与调度联系，申请停用再启动保护装置。工作结束后，应汇报调度，终结工作票。

（3）工作前，应认真核对线路名称、色标及杆号。工作中，工作负责人应进行全过程监护，及时纠正工作中的不安全行为。

（4）等电位电工和塔上电工应穿着试验合格的全套屏蔽服，确认屏蔽服各部位连接良好。等电位电工必须在屏蔽服内套穿全套阻燃内衣。工作前，应用万用表检测屏蔽服电阻，屏蔽服最远端电阻不得大于 20Ω。

（5）工作中，塔上电工对带电体、等电位电工对接地体的最小距离，均不得小于表3-1-1规定的最小安全距离。

（6）等电位电工转移电位时，应使用电位转移棒。等电位电工进出强电场的组合间隙不得小于表3-1-2规定的最小安全距离，且必须有后备保护。

（7）绝缘承力工具和绝缘绳索的有效绝缘长度不得小于表3-3-2的规定。工作前，应使用5000V绝缘摇表对绝缘工具进行摇测，绝缘电阻不得小于700MΩ。

（8）提线承力工具受力后，经检查确认安全可靠后，方可将绝缘子与导线脱离。绝缘子更换后，经检查确认绝缘子受力正常后，方可拆除承力工具。

（9）松动丝杠时，行程不得过大，丝杠端部应保留50mm，以防脱落。

（10）用绝缘绳索传递大件金属物品时，地面上的作业人员应将金属物品接地后再接触，以防电击。

（11）起吊重物前，应由工作负责人检查悬吊情况和所吊物件的捆绑情况，认为可靠后方准试行起吊。起吊重物稍一离地时，应再检查悬吊和捆绑情况，认为可靠后方准继续起吊。

第二节

耐张塔带电作业项目

一、 进出等电位方法

在耐张塔进出等电位时，作业人员可采用沿耐张绝缘子串的方法。

等电位作业人员沿绝缘子串移动时，手与脚的位置必须保持对应一致。

带电作业人员与接地体及带电体的各电气间隙距离（包括安全距离、组合间隙）和经人体或工具短接后的良好绝缘子片数，均应满足表 3-2-1 的要求，否则不能沿耐张绝缘子串进出等电位。

等电位作业人员沿耐张绝缘子串进入高电场时，人体短接绝缘子片数不得多于 4 片。耐张绝缘子串中扣除人体短接和不良绝缘子片数后，良好绝缘子的最少片数应满足表 3-2-1的规定。

表 3-2-1
等电位作业人员沿耐张绝缘子串进入高电场时良好绝缘子的最少片数

海拔高度（m）	良好绝缘子串的总长度最小值（m）	单片绝缘子结构高度（mm）	良好绝缘子的最少片数
≤500	4.4	170	26
		195	23
		205	22
		240	19
500~1000	4.7	170	28
		195	25
		205	23
		240	20
1000~1500	5.0	170	30
		195	26
		205	25
		240	21
1500~2000	5.3	170	32
		195	28
		205	26
		240	23
注：表中数值不包括人体占位距离，作业中需考虑人体占位距离不得小于0.5m。			

等电位作业人员所系安全带，应绑在手扶的绝缘子串上，并与等电位作业人员同步移动。

等电位作业人员在进出等电位时，应在移动至距离带电体 3 片绝缘子时进行电位转移，方可进行后续操作。

作业人员通过绝缘工具进入高电位时，最小组合间隙应满足表 3-2-2 的规定。

表 3-2-2
作业人员通过绝缘工具进入高电位时的最小组合间隙

海拔高度（m）	最小组合间隙（m）
≤500	4.3
500~1000	4.6
1000~1500	4.8
1500~2000	5.1
注：表中数值不包括人体占位距离，作业中需考虑人体占位距离不得小于 0.5m。	

等电位作业人员在电位转移前，应得到工作负责人的许可，并系好安全带。进行±660kV 直流输电线路电位转移时，应采用电位转移棒，电位转移棒应与带电导体可靠接触。进入电位前，在距离带电导体 40~50cm 时，应将电位转移棒迅速接触带电体；脱离电位时，应先将电位转移棒接触带电

导体，作业人员离开带电导体40cm以外后，再迅速收回电位转移棒。进行电位转移时，动作应平稳、准确、快速。

等电位作业人员在进出等电位和等电位作业时，必须有后备保护。

等电位作业人员在带电作业过程中，应避免身体动作幅度过大。

二、 更换耐张塔单片瓷绝缘子项目及作业指导书

1. 适用范围：±660kV直流输电线路耐张塔带电更换单片绝缘子。

2. 作业方式：等电位作业。

3. 作业人员：工作负责（监护）人1人，中间电位电工1人，塔上电工3人，等电位电工1人，地面电工8人。

4. 主要工器具：绝缘传递绳3根，绝缘拉（吊）杆2组，电位转移棒1根，绝缘后备保护绳2条，液压装置1套，液压丝杠2组，钢丝绳套3根，绝缘滑车3个，耐张前卡1套，耐张后卡1套，电位转移棒1个，屏蔽服5套。

5. 操作步骤

（1）工作负责人交代工作任务、安全措施，明确分工，发布工作开始命令。

（2）地面电工搬运帆布至选定位置铺好，并将所需工器具搬运至帆布上整齐摆放好，检测绝缘工具、屏蔽服，组装工具。

（3）塔上电工和等电位电工穿着试验合格的屏蔽服，确认屏蔽服连接良好。

（4）塔上电工携带1号绝缘传递绳登塔，在适当位置系好安全带，固定绝缘传递绳。

（5）等电位电工携带2号绝缘传递绳，按照“跨二短三”方式进入等电位，并将绝缘传递绳挂在导线侧适当位置。

（6）地面电工擦拭、摇测、组装新绝缘子片。

（7）中间电位电工登塔至横担，按照“跨二短三”方式，携带3号绝缘传递绳到达作业位置，并将绝缘传递绳安装在适当位置。

（8）地面电工将液压装置传递至横担，塔上电工将液压装置安装在横担适当位置。

（9）地面电工将耐张后卡传至横担，塔上电工将其安装在牵引板上。地面电工将耐张前卡传至等电位电工，等电位电工将其安装在联板上。

（10）地面电工完成2组液压丝杠—绝缘拉（吊）杆—机械丝杠的组装。

（11）第1组液压丝杠—绝缘拉（吊）杆—机械丝杠的操作：经工作负责人许可后，先由地面电工使用1号绝缘传递绳绑扎好液压丝杠，使用2号绝缘传递绳绑扎好机械丝杠，使用3号绝缘传递绳在绝缘拉（吊）杆中间部位绑扎，然后使用1号绝缘传递绳起吊液压丝杠，使用2号绝缘传递绳起吊机械丝杠，使用3号绝缘传递绳起吊绝缘拉（吊）杆中间部位，以上三个吊点保持水平；再由塔上电工配合完成液压丝杠与耐张后卡的连接，等电位电工配合完成机械丝杠与耐张前卡的连接。

（12）第2组液压丝杠—绝缘拉（吊）杆—机械丝杠的操作按照第1组同样的方法传递、安装。

（13）工具连接完毕，等电位电工收紧机械丝杠，塔上电工操作液压装置，收紧液压丝杠，使绝缘子串松弛。

（14）地面电工使用3号绝缘传递绳将闭式卡传递至中间电位电工，中间电位电工安装闭式卡，收紧闭式卡机械丝杠，拔掉绝缘子片弹簧销，取出劣质绝缘子传至地面。

（15）地面电工将新绝缘子传至中间电位电工，中间电位电工安装新绝缘子并穿入销子。

（16）塔上电工、中间电位电工、等电位电工检查无误，经工作负责人许可后，拆除、传递工具。中间电位电工、等电位电工按照进电场的逆顺序退出电场。塔上电工拆除、传递工具，携带绝缘传递绳返回地面，工作结束。

6. 安全措施及注意事项

（1）带电作业应在良好天气下进行。如遇雷电（听见

雷声、看见闪电）、雪、雹、雨、雾等，不准进行带电作业。风力大于 5 级或湿度大于 80%，一般不宜进行带电作业。

（2）开展带电作业应办理带电作业工作票。工作前，必须与调度联系，申请停用再启动保护装置。工作结束后，应汇报调度，终结工作票。

（3）工作前，应认真核对线路名称、色标及杆号。工作中，工作负责人应进行全过程监护，及时纠正工作中的不安全行为。

（4）塔上电工和等电位电工应穿着试验合格的全套屏蔽服，确认屏蔽服各部位连接良好。等电位电工必须在屏蔽服内套穿全套阻燃内衣。工作前，应用万用表检测屏蔽服电阻，屏蔽服最远端电阻不得大于 20Ω。

（5）工作中，塔上电工对带电体、等电位电工对接地体的最小距离，均不得小于表 3-1-1 规定的最小安全距离。

（6）等电位作业人员转移电位时，应使用电位转移棒。中间电位电工、等电位电工进出强电场的组合间隙不得小于表 3-2-2 规定的最小安全距离，且必须有后备保护。

（7）绝缘承力工具和绝缘绳索的有效绝缘长度不得小于表 3-3-2 的规定。工作前，应使用 5000V 绝缘摇表对绝缘工具进行摇测，绝缘电阻不得小于 700MΩ。

（8）提线承力工具受力后，经检查确认安全可靠后，方可将绝缘子与导线脱离。绝缘子片更换后，经检查确认绝缘子受力正常后，方可拆除承力工具。

(9) 松动丝杠时，行程不得过大，丝杠端部应保留50mm，以防脱落。

(10) 用绝缘绳索传递大件金属物品时，地面上的作业人员应将金属物品接地后再接触，以防电击。

(11) 起吊重物前，应由工作负责人检查悬吊情况和所吊物件的捆绑情况，认为可靠后方准试行起吊。起吊重物稍一离地时，应再检查悬吊和捆绑情况，认为可靠后方准继续起吊。

三、±660kV直流输电线路处理引流板缺陷项目及作业指导书

1. 适用范围：±660kV直流输电线路带电处理引流板缺陷。

2. 作业方式：等电位作业。

3. 作业人员：工作负责（监护）人1人，等电位电工1人，塔上电工1人，地面电工2人。

4. 主要工器具：临时接地线，钳形电流表，红外测温仪1台，冷却水1瓶，电位转移棒1个，屏蔽服2套。

5. 操作步骤

(1) 工作负责人交代工作任务、安全措施，明确分工，发布工作开始命令。

（2）地面电工搬运帆布至选定位置铺好，并将所需工器具搬运至帆布上整齐摆放好，检测绝缘工具、屏蔽服。

（3）塔上电工和等电位电工穿着试验合格的屏蔽服，确认屏蔽服连接良好。

（4）塔上电工携带绝缘传递绳登塔，在适当位置系好安全带。

（5）等电位电工携带绝缘传递绳，按照“跨二短三”方式进入等电位，并将绝缘传递绳挂在导线侧适当位置。

（6）地面电工将临时接地线、钳形电流表传至等电位电工。等电位电工使用临时接地线将耐张线夹出口处导线与引流线可靠连接，使用钳形电流表测量临时接地线电流导通情况；确认导通后，使用冷却水对引流板进行有效降温，打开引流板对接触面进行打磨处理，涂抹导电脂；安装引流板，对引流板螺栓逐个校紧，并检查校紧其他金具螺栓，补齐弹簧销。

（7）等电位电工拆除临时接地线。

（8）等电位电工检查无误，经工作负责人许可后，传递工具，按照进电场的逆顺序退出电场。塔上电工携带绝缘传递绳返回地面，工作结束。

6. 安全措施及注意事项

（1）带电作业应在良好天气下进行。如遇雷电（听见

雷声、看见闪电）、雪、雹、雨、雾等，不准进行带电作业。风力大于5级或湿度大于80%，一般不宜进行带电作业。

（2）开展带电作业应办理带电作业工作票。工作前，必须与调度联系，申请停用再启动保护装置。工作结束后，应汇报调度，终结工作票。

（3）工作前，应认真核对线路名称、色标及杆号。工作中，工作负责人应进行全过程监护，及时纠正工作中的不安全行为。

（4）等电位电工和塔上电工应穿着试验合格的全套屏蔽服，确认屏蔽服各部位连接良好。等电位电工必须在屏蔽服内套穿全套阻燃内衣。工作前，应用万用表检测屏蔽服电阻，屏蔽服最远端电阻不得大于20Ω。

（5）工作中，塔上电工对带电体、等电位电工对接地体的最小距离，均不得小于表3-1-1规定的最小安全距离。

（6）等电位作业人员转移电位时，应使用电位转移棒。等电位电工进出强电场的组合间隙不得小于表3-2-2规定的最小安全距离，且必须有后备保护。

（7）绝缘绳索的有效绝缘长度不得小于表3-3-2的规定。工作前，应使用5000V绝缘摇表对绝缘工具进行摇测，绝缘电阻不得小于700MΩ。

（8）等电位电工接触发热引流板前，应将其进行可靠降温。缺陷处理完毕后，工作负责人应使用红外测温仪对已处理的缺陷进行核实，引流板与其他部位的相对温差不能大于 10℃。

第三节

地电位带电作业项目

绝缘架空地线或分段绝缘单点接地架设的地线应视为带电体，作业人员应对其保持足够的安全距离。如需在此类架空地线上作业，则应先通过专用接地线将架空地线良好接地，地线上挂、拆专用接地线的方式、步骤与停电线路挂、拆接地线的程序相同。对挂好专用接地线的架空地线，作业人员穿着全套屏蔽服装或静电防护服装后，方可进行检修作业。

对于逐基接地的光纤复合架空地线（OPGW）或其他直接接地的架空地线，作业人员穿着全套屏蔽服装或静电防护服装后，可直接进行检修作业。如需将直接接地的架空地线与地断开，则架空地线需要挂设接地线后，方可进行检修作业。

进行地电位带电作业时，地电位作业人员与带电体间的最小安全距离应满足表 3-3-1 的规定。绝缘工器具的最小有效绝缘长度应满足表3-3-2的规定。

表3-3-1
地电位作业人员与带电体间的最小安全距离

作业位置	海拔高度（m）			
	≤500	500~1000	1000~1500	1500~2000
地电位作业人员对带电体	4.2	4.5	4.7	5.0
注：表中数值不包括人体占位距离，作业中需考虑人体占位距离不得小于0.5m。				

表3-3-2
绝缘工器具的最小有效绝缘长度

海拔高度（m）	最小有效绝缘长度（m）
≤500	5.0
500~1000	5.3
1000~1500	5.6
1500~2000	5.9

一、 带电摘除导线搭挂异物项目及作业指导书

方法一：

1. 适用范围：±660kV直流输电线路带电摘除导线搭挂异物。

2. 作业方式：地电位作业。

3. 作业人员：工作负责（监护）人 1 人，塔上电工 1 人，地面电工 2 人。

4. 主要工器具：U 型环 1 个，绝缘传递绳 1 套，地线接地线 1 根，屏蔽服 1 套。

5. 操作步骤

（1）工作负责人交代工作任务、安全措施，明确分工，发布工作开始命令。

（2）地面电工搬运帆布至选定位置铺好，并将所需工器具搬运至帆布上整齐摆放好，检测绝缘工具、屏蔽服。

（3）塔上电工及等电位电工穿着试验合格的屏蔽服，确认屏蔽服连接良好。

（4）塔上电工携带绝缘传递绳登塔，在适当位置系好安全带，固定绝缘传递绳。

（5）地面电工将地线接地线、U 型环传至地线支架附近。塔上电工将地线接地线挂好。

（6）塔上电工将 U 型环拴在绝缘传递绳的一端，并将 U 型环漫过地线。地面电工与塔上电工配合使栓 U 型环的一端落至地面。

（7）地面电工将绝缘传递绳拉至异物附近，甩动绝缘传递绳使之与异物缠绕在一起，再上下抽拉绝缘传递绳使异物与导线分离，传至地面。

（8）地面电工将绝缘传递绳拉回至地线支架附近。

（9）经工作负责人许可，塔上电工拆除、传递工具，携带绝缘传递绳返回地面，工作结束。

6. 安全措施及注意事项

（1）带电作业应在良好的天气下进行。如遇雷电（听见雷声、看见闪电）、雪、雹、雨、雾等，不准进行带电作业。风力大于 5 级，或湿度大于 80%，一般不宜进行带电作业。

（2）开展带电作业应办理带电作业工作票。工作前必须与调度联系，申请停用再启动保护装置。工作结束后应汇报调度，终结工作票。

（3）工作前应认真核对线路名称、色标及杆号，工作中工作负责人应进行全过程监护，及时纠正工作中的不安全行为。

（4）塔上电工应穿着试验合格的全套屏蔽服，且各部位连接良好。工作前用万用表检测屏蔽服电阻，屏蔽服最远端电阻不得大于 20Ω。

（5）工作中，塔上电工对带电体的最小距离不得小于表 3-3-1 规定的最小安全距离。

（6）绝缘绳索的有效绝缘长度不得小于表 3-3-2 的规

定。工作前，应使用5000V绝缘摇表对绝缘工具进行摇测，绝缘电阻不得小于700MΩ。

方法二：

1. 适用范围：±660kV直流输电线路带电摘除导线线夹处搭挂异物。

2. 作业方式：地电位作业。

3. 作业人员：工作负责（监护）人1人，塔上电工1人，地面电工2人。

4. 主要工器具：绝缘传递绳1根，绝缘操作杆1根，绝缘滑车1个，屏蔽服1套。

5. 操作步骤

（1）工作负责人交代工作任务、安全措施，明确分工，发布工作开始命令。

（2）地面电工搬运帆布至选定位置铺好，并将所需工器具搬运至帆布上整齐摆放好，检测绝缘工具、屏蔽服，组装工具。

（3）塔上电工穿着试验合格的屏蔽服，确认屏蔽服连接良好。

（4）塔上电工携带绝缘传递绳登塔，在适当位置系好安全带，固定绝缘传递绳。

（5）地面电工将绝缘操作杆传递给塔上电工。

（6）塔上电工使用绝缘操作杆钩住线夹处异物，带至横担。

（7）塔上电工传递异物、工具，经工作负责人许可，携带绝缘传递绳返回地面，工作结束。

6. 安全措施及注意事项

（1）带电作业应在良好的天气下进行。如遇雷电（听见雷声、看见闪电）、雪、雹、雨、雾等，不准进行带电作业。风力大于 5 级，或湿度大于 80%，一般不宜进行带电作业。

（2）开展带电作业应办理带电作业工作票。工作前必须与调度联系，申请停用再启动保护装置。工作结束后应汇报调度，终结工作票。

（3）工作前应认真核对线路名称、色标及杆号，工作中工作负责人应进行全过程监护，及时纠正工作中的不安全行为。

（4）塔上电工应穿着试验合格的全套屏蔽服，且各部位连接良好。工作前用万用表检测屏蔽服电阻，屏蔽服最远端电阻不得大于 20Ω。

（5）工作中，塔上电工对带电体的最小距离不得小于表 3-3-1 规定的最小安全距离。

（6）绝缘绳索及绝缘操作杆的有效绝缘长度不得小于表

3-3-2 的规定。工作前，应使用 5000V 绝缘摇表对绝缘工具进行摇测，绝缘电阻不得小于 700MΩ。

二、 带电摘除架空地线搭挂异物项目及作业指导书

方法一：

1. 适用范围：±660kV 直流输电线路带电摘除架空地线搭挂异物。

2. 作业方式：地电位作业。

3. 作业人员：工作负责（监护）人 1 人，塔上电工 1 人，地面电工 2 人。

4. 主要工器具：U 型环 1 个，绝缘传递绳 1 套，地线接地线 1 根，屏蔽服 1 套。

5. 操作步骤

（1）工作负责人交代工作任务、安全措施，明确分工，发布工作开始命令。

（2）地面电工搬运帆布至选定位置铺好，并将所需工器具搬运至帆布上整齐摆放好，检测绝缘工具、屏蔽服。

（3）塔上电工和等电位电工穿着试验合格的屏蔽服，确认屏蔽服连接良好。

（4）塔上电工携带绝缘传递绳登塔，在适当位置系好安全带，固定绝缘传递绳。

（5）地面电工将地线接地线、U 型环传至地线支架附

近。塔上电工将地线接地线挂好。

（6）塔上电工将U型环拴在绝缘传递绳的一端，并将U型环漫过地线。地面电工与塔上电工配合，使拴U型环的一端落至地面。

（7）地面电工将绝缘传递绳拉至异物附近，甩动绝缘传递绳，使之与异物缠绕在一起，再上下抽拉绝缘传递绳，使异物与地线分离，传至地面。

（8）地面电工将绝缘传递绳拉回至地线支架附近。

（9）经工作负责人许可后，塔上电工拆除、传递工具，携带绝缘传递绳返回地面，工作结束。

6. 安全措施及注意事项

（1）带电作业应在良好天气下进行。如遇雷电（听见雷声、看见闪电）、雪、雹、雨、雾等，不准进行带电作业。风力大于5级或湿度大于80%，一般不宜进行带电作业。

（2）开展带电作业应办理带电作业工作票。工作前，必须与调度联系，申请停用再启动保护装置。工作结束后，应汇报调度，终结工作票。

（3）工作前，应认真核对线路名称、色标及杆号。工作中，工作负责人应进行全过程监护，及时纠正工作中的不安全行为。

（4）塔上电工应穿着试验合格的全套屏蔽服，确认屏蔽服务各部位连接良好。工作前，应用万用表检测屏蔽服电阻，屏蔽服最远端电阻不得大于 20Ω。

（5）工作中，塔上电工对带电体的最小距离不得小于表 3-3-1 规定的最小安全距离。

（6）绝缘绳索的有效绝缘长度不得小于表 3-3-2 的规定。工作前，应使用 5000V 绝缘摇表对绝缘工具进行摇测，绝缘电阻不得小于 700MΩ。

方法二：

1. 适用范围：±660kV 直流输电线路带电摘除架空地线支架处异物。

2. 作业方式：地电位作业。

3. 作业人员：工作负责（监护）人 1 人，塔上电工 2 人，地面电工 2 人。

4. 主要工器具：壁纸刀，屏蔽服 2 套。

5. 操作步骤

（1）工作负责人交代工作任务、安全措施，明确分工，发布工作开始命令。

（2）地面电工搬运帆布至选定位置铺好，并将所需工器具搬运至帆布上整齐摆放好，检测屏蔽服。

（3）塔上电工穿着试验合格的屏蔽服，确认屏蔽服连接良好。

（4）塔上电工携带壁纸刀登塔至悬挂异物处，扎好安全带，使用壁纸刀将异物分解，并将异物装入工具包内。

（5）异物全部清理完后，塔上电工返回地面，工作结束。

6. 安全措施及注意事项

（1）带电作业应在良好天气下进行。如遇雷电（听见雷声、看见闪电）、雪、雹、雨、雾等，不准进行带电作业。风力大于5级或湿度大于80%，一般不宜进行带电作业。

（2）开展带电作业应办理带电作业工作票。工作前，必须与调度联系。工作结束后，应汇报调度，终结工作票。

（3）工作前，应认真核对线路名称、色标及杆号。工作中，工作负责人应进行全过程监护，及时纠正工作中的不安全行为。

（4）塔上电工应穿着试验合格的全套屏蔽服，确认屏蔽服各部位连接良好。工作前，应用万用表检测屏蔽服电阻，屏蔽服最远端电阻不得大于20Ω。

（5）工作中，塔上电工对带电体的最小距离不得小于表3-3-1规定的最小安全距离。

第四章

±660kV直流输电线路带电作业工具

第一节

带电作业工具常用材料

带电作业工具常用材料分金属材料和绝缘材料两类。金属材料用来制作带电作业用紧线丝杠、卡具、绝缘工具接头等专用工具，其主要材质有普通碳素钢、普通含锰钢、优质碳素钢、合金钢及高强度铝合金等。绝缘材料用来制作各类软质、硬质绝缘工具，其主要材质为3240环氧酚醛玻璃纤维、聚氯乙烯、聚乙烯、聚丙烯、锦纶、蚕丝、绝缘漆和绝缘黏合剂等。

一、绝缘材料

绝缘材料在带电作业中用来制作各类绝缘工具，其主要作用可概括为：第一，使带电体与接地体相互绝缘；第二，用来支持作业过程中的带电体，并使其与接地体隔离；第三，起到绝缘机械手的作用；第四，用来改善高压电场中的电位梯度；第五，传递材料及工器具，并使其与带电体绝缘。针对某一具体工器具来说，可能起到以上某一种作用，也可能同时兼顾几种作用。

根据绝缘工器具的不同功能，制作各类工器具所用的材料分为绝缘板材、绝缘管材、绝缘棒材、绝缘绳索及塑料等。

（一） 绝缘板材

绝缘板材主要为绝缘层压制品，是现代电工材料不可缺少的产品。特别是 3240 型环氧酚醛玻璃布板，广泛应用于发电厂、变电站及输变电带电作业中。

层压制品是由浸渍过各种树脂的片状填料经过热压黏合和固化而成的。常用的有纸板、棉板、玻璃丝布板、棚木板、石棉纤维板及合成纤维布板等。我国带电作业常用的层压板有 3240 号、3025 号、3027 号、3230 号、3250 号等环氧酚醛及酚醛制品，其各种性能指标见表 4-1-1。

表 4-1-1

各种绝缘板材的性能指标

指标名称	单位	绝缘板材指标（号）								
		3240	3025	3027	3230	3231	3250	3251	3010	3011
密度	g/cm^3	1.7~1.9	1.3~1.42	1.3~1.42						
马丁氏耐热性(纵向)(不低于)	℃	200	125	135		150	250	225	120	120
抗弯强度(不低于) 纵向 横向	N/cm^2	 35000 29000	10500	9000	11000	25000	20000	11000	25000	13000
抗张强度(不低于) 纵向 横向	N/cm^2	 30000 22000	6500	6000	10000	20000	17000	10000		
粘合强度(不低于)	N	5800	5500	5500						
抗冲击强度(不低于) 纵向 横向	J/cm^2	 14.7 9.8	2.45	1.96	4.9	9.8	7.84	4.9	6.37	2.45
表面电阻系数(不低于) 常态时 浸水时	Ω·m	 1.0×10^{13} 1.0×10^{11}			 10^{11} 10^{10}	 10^{12} 10^{10}	 10^{13} 10^{11}	 10^{12} 10^{10}	 2×10^{12} 2×10^{9}	 2×10^{11} 2×10^{7}

（续表）

指标名称	单位	绝缘板材指标（号）								
		3240	3025	3027	3230	3231	3250	3251	3010	3011
体积电阻系数(不低于) 常态时 浸水时	Ω·m	1.0×10^{11} 1.0×10^{9}			10^{8} 10^{6}	10^{10} 10^{8}	10^{11} 10^{9}	10^{10} 10^{8}	1.5×10^{9} 1×10^{7}	10^{9} 3.5×10^{5}
平行层向绝缘电阻 常态时 浸水时	Ω	1.0×10^{10} 1.0×10^{8}		1.0×10^{10} 1.0×10^{7}						
频率为 50Hz 时的介质损耗角正切(不高于)		0.05					0.04		0.1	0.1
垂直层向击穿强度，于温度 90±2℃的变压器油中(不低于) 板厚 0.5~1mm 板厚 1.1~2mm 板厚 2.1~3mm 板厚 3mm 以上加工一面者	kV/m	22000 20000 18000 18000	4000 3000 2000 2000	8000 6000 5000 5000	14000 12000 10000 10000	22000 20000 18000 18000			在 50Hz 的频率下，置于 90±2℃的变压器油中，垂直于板层的电气强度不低于 25000kV/mm	
平行层向击穿电压，于温度 90±2℃的变压器油中(不低于)	kV	30		6.0	10	10	30	10		

注：3240 号为环氧酚醛层压玻璃布板；3025 号、3027 号为酚醛层压布板；3230 号为醋酸层压玻璃布板；3231 号为本胺酚醛层压玻璃布板；3250 号为有机硅环氧层压玻璃布板；3251 号为有机硅层压玻璃布板；3010 号、3011 号为酚醛桦木板。

除了以上几种常见的绝缘板材外，还有一种复合型层压板——环氧蜂窝板。它由两层环氧玻璃布层压板中间夹一层六角形蜂窝式玻璃布板，三者用环氧树脂粘接而成，属于一种轻型材料，在比重和抗弯等物理性能方面有独特之处，适合于制作带电作业云梯、扒杆、手梯及人字梯等工器具，其具体性能见表4-1-2。

表4-1-2

环氧蜂窝板的性能指标

指标名称	单位	实测结果
密度	g/cm^3	0.4~0.6
树脂含量 芯子 面极	%	 57.8 65.8
平压强度 平压弹性模量	N/mm^2	1.48 98
侧压强度 侧压弹性模量	N/mm^2	146.61 1822.8
剥离强度 剥离弹性模量	N/mm^2	0.29 137.2
表面电阻系数	Ω·m	4.2×10^{13}
体积电阻系数	Ω·m	1.12×10^{11}
频率为50Hz时的介质损耗角正切		0.0168
工频表面耐压	kV	长300mm，试加电压100kV，5min通过

（二）绝缘管材、棒材

同绝缘板材一样，绝缘管材、棒材在我国带电作业中的地位也很重要，其主要材质多为环氧酚醛、有机硅、酚醛层制品和黄岩系列管材、棒材等。此外，国网原武汉高压研究院、东北网公司、华中网公司等各大、中科研单位也相继研制出了防雨绝缘管材和棒材，目前正在推广中。

绝缘管材具有抗弯性能好且质量轻的特点，在带电作业中主要用来制作操作杆、手梯、绝缘扒梯、竖梯、人字梯等。

绝缘棒材的抗拉性能优于绝缘管材，多用于制作绝缘张力工具。

一般来说，绝缘管材、棒材可分为三类（如表 4-1-3 所示）。

表 4-1-3
绝缘管材、棒材分类

类别	名称	标称外径系列（mm）
Ⅰ	实心棒	10，16，24，30
Ⅱ	空心管	18，20，22，24，26，28，30，32，36，40，44，50，60，70
Ⅲ	泡沫填充管	18，20，22，24，26，28，30，32，36，40，44，50，60，70
注：泡沫填充管与空心管的标称外径系列相同。		

绝缘管材、棒材应由合成材料制成。合成材料可用无机或人造纤维加强，其外观颜色可由用户确定，其密度应不小于1.75g/cm^3，吸水率不大于0.3%，50Hz介质损耗角正切不大于0.01。

填充泡沫应粘合在绝缘管内壁。在进行电气和机械试验时，除部件破坏引起的损坏外，泡沫或黏接剂都不应损坏，绝缘管材、棒材均应满足渗透试验的要求。

1. 尺寸要求

测得的绝缘管材、棒材直径均应符合表4-1-4、表4-1-5规定的公差范围。

表4-1-4

实心棒标称尺寸及公差要求

标称外径（mm）	外径允许偏差（mm）
10，16，24，30	±0.4

表4-1-5

空心管、填充管标称尺寸及公差要求

标称外径（mm）	外径允许偏差（mm）	最小壁厚（mm）	壁厚允许偏差（mm）	
			壁厚<5mm	壁厚>5mm
18，20，22，24，26，28，30	±0.4	1.5	±0.2	
32，36，40，44	±0.5	2.5	±0.3	±0.4
50，60，70	±0.8			

2. 电气性能要求

（1）受潮前和受潮后的电气特性

对用于制造绝缘拉（吊）杆的绝缘管材、棒材，应进行300mm长试品的1min工频耐压试验，包括干试验和受潮后试验。试品在100kV工频电压下的泄漏电流应符合表4-1-6的规定。

表4-1-6

试品工频耐压试验参数及泄漏电流允许值

标称外径（mm）		试品电极间距离（mm）	1min工频耐压试验（kV）	泄漏电流（μA）	
				干试验 I_1	受潮后试验 I_2
				≯	
实心棒	30以下	300	100	10	30
	30			15	35
管材	30及以下			10	30
	32～70			15	40

注：试验中记录最大电流 I_1、I_2 以及电流与电压间的相角差 ϕ_1、ϕ_2，要求 ϕ_1、ϕ_2>50°（管）或40°（棒）。

（2）湿态绝缘性能

对用于制造绝缘拉（吊）杆的绝缘管材、棒材，应进行1200mm长试品的1h淋雨试验。试品在100kV工频电压下应满足无滑闪、无火花或击穿，表面无可见漏电腐蚀痕迹，无可察觉的温升等要求。

（3）绝缘耐受性能

用于制造绝缘拉（吊）杆的绝缘管材、棒材，应能耐受相隔300mm的两电极间1min工频电压试验。试品在100kV工频电压下应满足无滑闪、无火花或击穿，表面无可见漏电腐蚀痕迹，无可察觉的温升等要求。

3. 机械性能要求

用于制造绝缘工具的绝缘管材、棒材应具有一定的机械抗弯、抗扭、耐机械老化的特性，绝缘管材还应具有耐挤压的特性。

（1）抗弯特性

各种绝缘管材、棒材试品应满足表4-1-7的F_d、f、F_r值。

表4-1-7

弯曲试验的F_d、f、F_r值

管和棒的外径（mm）		支架间距离（m）	F_d（N）	f（mm）	F_r（N）	试品长度（m）
实心棒	10	0.5	270	20	540	2
	16	0.5	1350	15	2700	2
	24	1.0	1750	15	3500	2.5
	30	1.5	2250	40	4500	2.5

（续表）

管和棒的外径（mm）		支架间距离（m）	F_d（N）	f（mm）	F_r（N）	试品长度（m）
管材	18	0.7	500	12	1000	2.5
	20	0.7	550	12	1100	2.5
	22	0.7	600	12	1200	2.5
	24	1.1	650	14	1300	2.5
	26	1.1	775	14	1550	2.5
	28	1.1	875	14	1750	2.5
	30	1.1	1000	14	2000	2.5
	32	1.5	1100	25	2200	2.5
	36	1.5	1300	25	2600	2.5
	40	2.0	1750	26	3500	2.5
	44	2.0	2200	28	4400	2.5
	50	2.0	3500	30	7000	2.5
	60	2.0	6000	27	12000	2.5
	70	2.0	10000	27	20000	2.5

注：F_d 为初始抗弯负荷，f 为挠度差值（即 $F_d/3$，$2/3F_d$ 以及 $2/3F_d$ 与 F_d 之挠度差值），F_r 为额定抗弯负荷。

（2）抗扭特性

各种绝缘管材、棒材试品应满足表 4-1-8 的 C_d、α_d、C_r 值。

表 4-1-8

扭力试验的 C_d、α_d、C_r 值

管和棒的外径（mm）		C_d/（N·m）	α_d/（°）	C_r/（N·m）
实心棒	10	4.5	150	9
	16	13.5	180	27
	24	40	150	80
	30	70	150	140
管材	18	18.5	30	37
	20	20	29	40
	22	22.5	28	45
	24	25	27	50
	26	27.5	26	55
	28	30	21	60
	30	35	17	70
	32	40	35	80
	36	60	37.5	120
	40	80	40	160
	44	100	35	200
	50	120	16	240
	60	320	12	640
	70	480	10	960
注：C_d 为初始扭力，C_r 为额定扭力，α_d 为偏转角。				

(3) 耐机械老化特性

各种绝缘管材、棒材试品在经过4000次弯曲循环后，不借助放大装置而用目测检查时，试品应无任何损伤的痕迹，也不应有任何永久变形。

在经过4000次弯曲循环试验后，这批试品还应能通过受潮前及受潮后的绝缘试验。

受潮前实测的电流 I_1 不应超过表4-1-6中 I_1 的限值，受潮后实测的电流 I_2 不应超过表4-1-6中 I_2 的限值。

(4) 管材耐挤压特性

绝缘管材试品（包括填充管）应满足表4-1-9的 F_d、F_r 值。

表4-1-9
挤压试验的 F_d、F_r 值

管材标称外径（mm）	F_d（N）	F_r（N）
18	250	500
20	325	650
22	400	800
24	500	1000
26	600	1200
28	700	1400

（续表）

管材标称外径（mm）	F_d（N）	F_r（N）
30	750	1500
32	850	1700
36	1500	3000
40	2150	4300
44	2500	5000
50	3450	6900
60	4100	8200
70	4750	9500

（三）绝缘绳索

绝缘绳索是带电作业中不可缺少的软质工具。我国带电作业向绳索化方向发展，是适应我国国情的一大特色。在带电作业中，绝缘绳索广泛应用于承担机械荷重（如滑车组）、运载物件（如循环传递绳）、攀登工具（如软梯）、灵活多变的吊拉线（如手梯、立梯的锚绳）、连接套子、保护绳、消弧绳等。

1. 绝缘绳索的种类

（1）按材质分类

目前，带电作业中常用的绝缘绳索主要有两类：一类是蚕丝绳（生蚕丝绳、熟蚕丝绳），另一类是锦纶绳和聚氯乙烯绳。

从材质上来看，蚕丝绳采用脱脂不少于25%的桑蚕长纤维制作而成；锦纶棕丝绳采用白色己内酰胺（锦纶6）单体聚合后拉制的棕丝（钓鱼线）绞制而成；锦纶长丝绳采用白色己内酰胺（锦纶6）拉丝后的长纤维按3×3股线的要求合股绞制而成。

（2）按结构分类

从结构上来看，绝缘绳索分为绞制圆绳、编织圆绳、编织扁带、环形套绳和搭扣带等。

①绞制型绳索

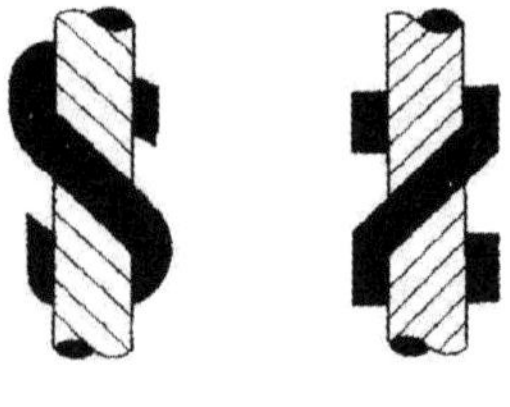

（a）S捻　　（b）Z捻

图4-1-1
绳索的捻向

绝缘绳索一般多由多股单纱捻制而成，按捻制方向分为顺捻和反捻两种。

顺捻是指单纱中的纤维或股线中的单纱在绞制过程中由下向上看是自右向左捻动的，一般用字母S来表示，也称S捻，如图4-1-1（a）所示。

反捻则是指绞制中由下向上看是自左向右捻动的，常用字母Z表示，也称Z捻，如图4-1-1（b）所示。

为了防止绳索松股，一般绳索的捻制层次要按ZSZ方式进行，即纤维捻成单纱时按Z向捻制，纱线捻成股线时按S向捻制，最后股线合成绳索时按Z向进行。

同一股线中，一个整捻或两个连续辫结之间的长度称为捻距，如图4-1-2所示。捻距长短用来表示绳索的松紧，带电作业中使用的绝缘绳索不宜过紧也不宜过松，过紧易使绳索打扭，过松则易使绳索松股。

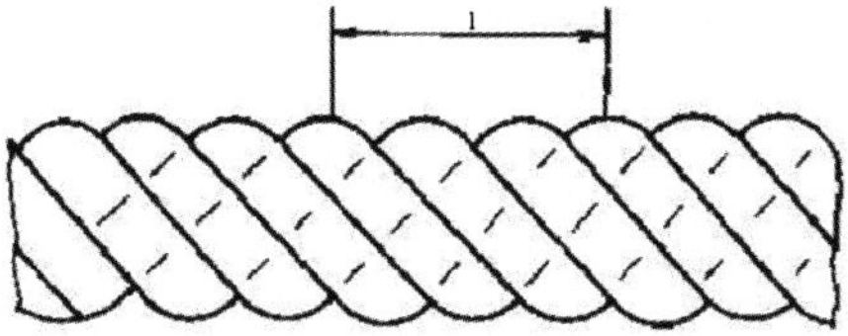

图4-1-2
绳索的捻距

目前，较为常用的绞制型绳索包括：桑（s）蚕（c）绞（j）制绳（s），用scjs表示，并在“-”后标注其外径尺寸，如scjs-14表示直径为14mm的桑蚕绞制绳；锦（j）纶棕（z）丝绞（j）制绳（s），用jzjs表示；锦（j）纶长（c）丝绞（j）制绳（s），用jcjs表示。

②编织型绳索

编织型绳索是为克服绞制绳索在使用中容易相互拧在一起

的缺点而出现的一种绳索，按方式可分为机织和手工编织两种，按结构可分为编织圆绳、编织扁带、环形套绳、搭扣带等。

编织圆绳的结构为层叠圆形绳，层与层叠套在一起，层数越多，绳径越粗（如图 4-1-3 所示）。

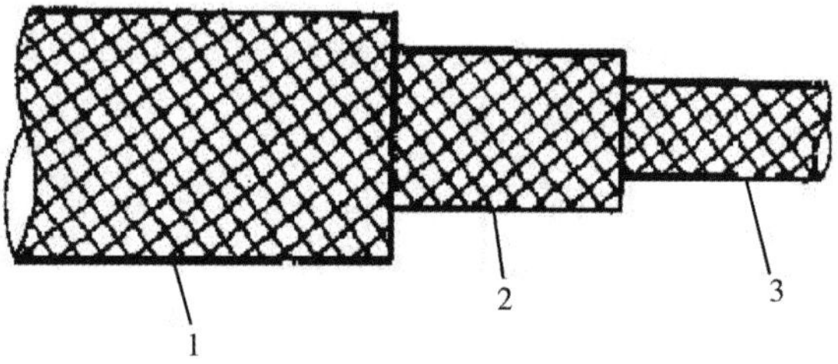

图 4-1-3
编织圆绳的结构
1—外二层　2—外一层　3—芯索

在带电作业中，编织扁带常用作安全带、绝缘吊线器等，环形套绳、搭扣带多用作绝缘滑车固定套子（见图 4-1-4）。

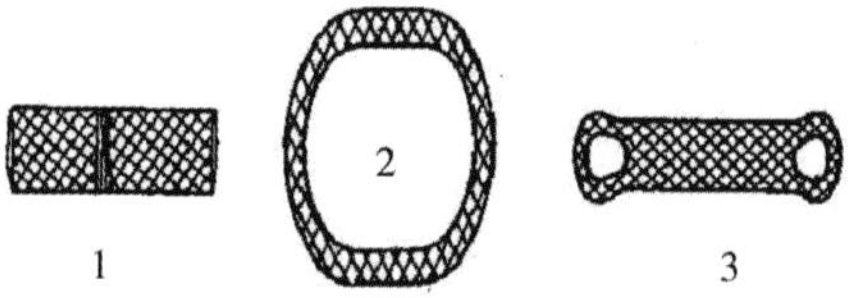

图 4-1-4
各种编织绳的外形
1—扁带　2—环形套绳　3—搭扣带

2. 绝缘绳索的机电性能

试验证明，长度为1m及以下的各种绝缘绳索，不论其直径大小或新旧如何，只要清洁干燥，其干闪电压值就相差无几，而且放电电压随长度大小基本上呈正比递增。单位长度的干闪电压与空气的放电电压相近，可达340kV/m（如图4-1-5所示）。但1m以上绝缘绳索的干闪电压与绳长的关系呈饱和趋势，这与长空气间隙的放电特性是一致的。

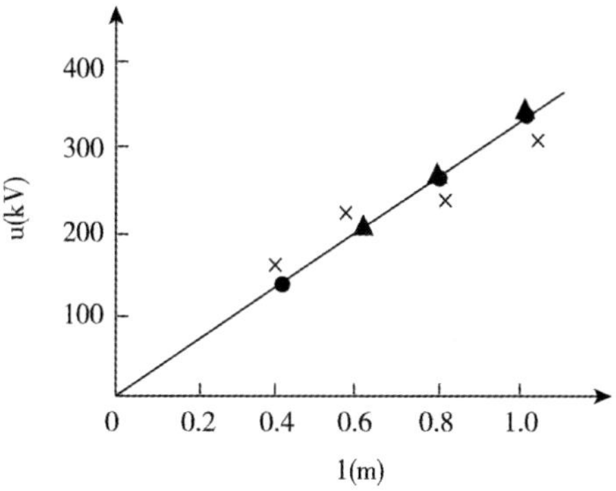

图4-1-5

1m及以下绝缘绳的工频干闪电压

u—工频放电电压 l—长度 ▲—蚕丝绳 ●—尼龙绳 ×—聚乙烯绳

绝缘绳索受潮以后，其闪络电压会显著降低，泄漏电流则显著增加，导致绝缘绳索发热、击穿，锦纶绳索甚至可以烧断（如表4-1-10所示）。

表 4-1-10

绝缘绳受潮后的湿闪电压试验结果

编号	绝缘绳名称	试验规格（mm）		试验情况
		直径	长度	
1	尼龙（丝）绳	12	200	升压至 25kV 后燃烧（有明火），升压至 25kV 熔断
2	尼龙（线）绳	12	200	升压至 25kV 后燃烧（有明火），经 20s 熔断
3	熟蚕丝绳	12	200	升压至 40kV 后燃烧（有明火），经 30s 击穿；第二次升至 60kV，经 30s 击穿；第三次升至 60kV，经 30s 击穿
4	生蚕丝绳	12	200	升压至 40kV 后燃烧（有明火），经 30s 击穿；第二次升至 60kV，经 30s 击穿；第三次升至 70kV，经 30s 击穿
5	生蚕丝绳	12	200	升压至 10kV 后燃烧（有明火），经 25s 击穿；第二次升至 65kV，经 30s 击穿；第三次升至 75kV，经 25s 击穿

注：1. 编号 1~4 的绝缘受潮条件是拧开自来水龙头对准被试物进行两次喷湿；编号 5 的绝缘受潮条件是将其多股拧开浸入水中，取出时可拧出水后再进行试验。

2. 表中数据摘自原湘中供电局《绝缘绳试验报告》（1972 年）。

总的来看，锦纶长丝绳的机械强度要比蚕丝绳高一些，而蚕丝绳又比锦纶棕丝绳高一些（如图 4-1-6 所示），具体机械性能如表 4-1-11 所示。

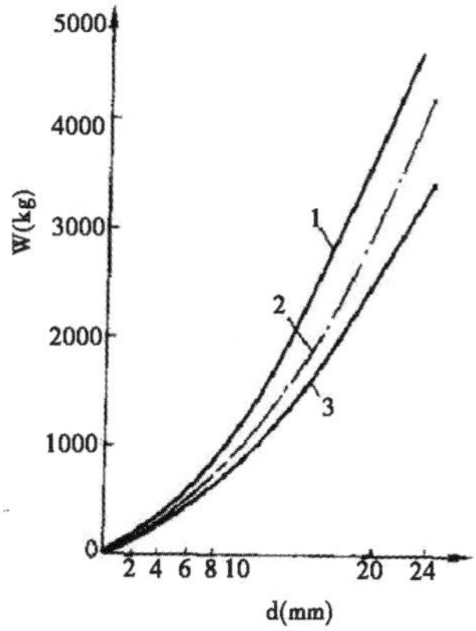

图 4-1-6 绝缘绳的机械特性比较

W—破坏负荷　d—直径

1—锦纶长丝　2—蚕丝　3—锦纶棕丝

表 4-1-11

绝缘绳机械性能试验结果

绝缘绳名称	单位抗拉强度（N/mm²）	单位耐磨次数（次/mm²）	伸长率（%）
熟蚕丝绳	0.87	8.0	65
生蚕丝绳	0.62	3.99	40~50
尼龙（丝）绳	1.12	3.3	60~80
尼龙（线）绳	1.12	1.59	40~60

注：1. 表内各栏数据为多个数的平均值。

2. 尼龙（丝）绳的伸长率最大可达133%，平均为60%~80%。

（四） 塑料

塑料的品种很多，带电作业中常用的塑料有聚氯乙烯、聚乙烯、聚丙烯、聚碳酸酯、聚甲基丙烯酸甲酯（有机玻璃）和聚酰胺（尼龙）等。

1. 聚氯乙烯

聚氯乙烯由单体聚乙烯聚合而成。

硬质聚氯乙烯的密度为1.38～1.43g/cm^3，机械强度较高，电气性能优良，缺点是软化点低，使用范围在-15℃～55℃之间，软质聚氯乙烯的机械性能均低于硬质聚氯乙烯，且拉断时的伸长率较大。

由于聚氯乙烯在使用温度、机械性能方面的局限性太大，其在带电作业中的应用不是特别广泛。

2. 聚乙烯

聚乙烯具有良好的化学性能、机械强度，耐低温，电气绝缘性能和辐射性能稳定，并且有很低的透气性和吸水性，密度小，无毒副作用，易于加工。

聚乙烯按生产方法可分为高压聚乙烯、中压聚乙烯和低压聚乙烯，具体性能见表4-1-12。

表 4-1-12

高压、中压、低压聚乙烯性能比较表

指标名称	单位	各种聚乙烯指标		
		高压聚乙烯	中压聚乙烯	低压聚乙烯
密度	g/cm^3	0. 91～0. 93	0. 95～0. 98	0. 94～0. 96
软化点	℃	105～120	130	120～130
抗张强度	N/mm^2	13. 7～17. 64	24. 5～39. 2	20. 58～24. 5
伸长率	%	500～300	100～200	300～100
体积电阻系数	Ω · m	6×10^{12}	$>10^{13}$	6×10^{13}
击穿电压 干态 浸水 7 天	kV/m			 2610～28400 2610～27200

3. 聚丙烯

聚丙烯的主要合成原料是丙烯，丙烯的密度在 0. 9g/cm^3 左右。聚丙烯的机械性能优于低压聚乙烯，熔点为 160℃～170℃，在没有外力作用的情况下，即使温度达到 159℃也不会变形，而且几乎不吸收水分，在水中 24h 的吸水率小于 0. 01%。

聚丙烯的用途较为广泛，主要用于制造薄膜、纤维、电缆、导线外皮和机械零件等。在带电作业中，多用来制作

10kV 配电装置对地或相间绝缘隔离装置。

4. 聚碳酸酯

聚碳酸酯是透明、呈轻微淡黄色的塑料，可制成接近无色、透明的制品，也可染制成各种颜色，其密度为 $1.2g/cm^3$，吸水性差，不易变形，耐热性能突出，在130℃～140℃下才会变形，熔点为220℃～230℃，同时耐寒性能非常好，脆化温度为-230℃。此外，聚碳酸酯在较宽的温度范围内具有良好的电气性能，在耐磨、耐老化等方面也有较好的性能。

在带电作业中，聚碳酸酯多用来制作水冲洗操作杆，有时也用来制作配电线路带电作业隔离装置。

5. 聚甲基丙烯酸甲酯（有机玻璃）

有机玻璃具有很好的透明性，重量轻、不易破碎、耐老化、易加工成型，主要产品有有机玻璃板、棒、管和模制品，广泛应用于工农业生产的各个领域。

有机玻璃具有高度的透明性，重量轻，并且机械强度较高（抗拉强度为 $60\sim70N/mm^2$，抗压强度为 $12\sim160N/mm^2$，抗弯强度为 $80\sim140N/mm^2$，冲击强度为 $1.2\sim1.3N/mm^2$），在电弧作用下能分解大量气体（一氧化碳、二氧化碳、氨气等），因此，在带电作业中可用来制作带电断、接引线所用的消弧器，或配电带电作业所用的隔离设备。

6. 聚酰胺（尼龙）

聚酰胺是目前较为广泛使用的工程材料，俗称尼龙，吸水性较低、比重小、机械强度较好、电气性能较优良。聚酰胺的品种很多，主要有尼龙6、尼龙9、尼龙66、尼龙610、尼龙1010等。

在带电作业中，由于尼龙1010具有比重小、电气性能较好的特点，多用于制作带电水冲洗工具的防水罩；由于尼龙6、尼龙66具有密度小、机械强度优良、电气性能较好的特点，被广泛用于制作绝缘滑车。

二、 金属材料

金属材料通常分为黑色金属和有色金属两大类，黑色金属是指铁、锰、铬及其合金，如生铁、铁合金、钢、金属锰、金属铬等。有色金属是指除黑色金属以外的金属及其合金，如铜、铝、锌、铜合金、铝合金等。

在带电作业中，常用的金属材料是碳素钢、合金钢、铝合金，主要用来制作绝缘部件的连接件或接头、承力部件或牵引部件（如丝杠、卡具等）、导流部件（如接引线夹、分流线、消弧绳等）。因此，带电作业对各种金属材料的机械强度、导电性能均应有严格的要求。

（一） 金属材料的机械性能

金属材料受机械力的作用时表现出抵抗机械力破坏的能

力，称为金属材料的机械性能，通常用硬度、强度、塑性、韧性和抗疲劳性等指标表示。

硬度是指金属材料单位体积内抵抗变形或抵抗破裂的能力。常见的硬度指标有布氏（HB）、洛氏（HR）等。其中，布氏硬度单位是Pa，洛氏硬度值是无名数，没有单位，分为HRA、HRB、HRC三种。

抗拉强度是指金属材料在拉力作用下抵抗变形和破坏的应力，用σ表示。此外，它还包括比例极限应力（σ_P）、屈服极限应力（σ_S）、伸长率（δ）和断面收缩率（ψ）四种机械性能指标。

冲击强度是指材料在动弯曲负荷作用下折断时所表现出来的抵抗能力，用α表示，单位是Pa，通常用来表示金属材料韧性的好坏。

疲劳强度是指在对称弯曲应力作用下经受一定应力循环数N仍不发生断裂时所能承受的最大应力，单位为Pa。

（二）金属材料的理化性能

金属材料的理化性能是指比重、熔点、热膨胀性、导电性、导热性、磁性、抗腐蚀性和耐磨性等。用于制作带电作业工具的金属材料，主要应考虑的理化性能包括以下四个指标。

1. 比重

对于制作带电作业工具的金属材料，不但要求其强度高，而且要求其质量轻。因为带电作业几乎全部都在高空中进行，而且输电线路多在山区或田间延伸，交通条件非常不便，所以质量较轻的金属工具受到了普遍青睐。目前，在带电作业工具的质量构成中，金属工具往往占有主要成分，因此，金属工具制作材料的比重成为一项重要指标。在各类材料的选用中，铝合金尤其是高强度铝合金已成为带电作业中最受欢迎的金属材料。

2. 导电性

带电作业中的金属工具应具备良好的导电性，这一点主要是从防止作业工具发热来考虑的。另外，有些需要导通电流的设备，如接引线尖、屏蔽服里使用的金属丝等，均要求有很高的导电性。

3. 抗腐蚀性

带电作业工具中的金属部件多为钢或铝合金材料，这些材料在空气中尤其是在电场中极易氧化腐蚀，因此必须做好防腐处理。

4. 耐磨性

带电作业工具中的金属部件除了应具备良好的导电性、抗腐蚀性外，还应具备良好的耐磨性能。这是因为这些金属部件如绝缘操作杆的接头、丝杠等，在作业过程中需要频繁地与其他金属相互接触、摩擦。在制作这些金属部件时，应选用耐磨性能良好的金属材料，否则会影响这些部件的相互配合。

（三） 金属材料的工艺性能

由于输电线路杆塔结构复杂多变，带电作业金属工具或部件的种类也随之变多、结构也很复杂。因此，在制作这些金属工具或部件时，应考虑金属材料的铸造、锻压、焊接、切削加工等工艺性能。

1. 铸造性能

带电作业中使用的接引线夹等工器具通常由钢或铝铸造而成，因此，需选用流动性较好的材质，避免出现蜂窝或砂眼，保护线夹的质量。

2. 锻压性能

有些外形复杂的金属工具或部件（如卡具）常常需要经过锻造加工，因此，在制作这类工器具时，应选用锻压性能好的材料来加工。

3. 焊接性能

焊接性能好坏是指材料是否易于用一般焊接方法和工艺进行焊接。比如，超硬度铝合金的可焊性较差，必须使用特殊的焊接技术才能可靠焊接。因此，对于诸如铝合金之类的金属工具，在制作过程中要避免焊接。

4. 切削性能

切削性能的好坏，主要取决于材料的硬度。比如，当硬度为150~250HB，特别是108~200HB时，碳钢具有较好的切削性能；又如，超硬度铝合金具有较好的切削性能。而太软的金属（如电解铝、紫铜）和太硬的金属在切削加工时都很困难。因此，制作带电作业工器具时，应选用切削性能较好的金属材料。

第二节

±660kV直流输电线路带电作业工器具研制

随着我国带电作业的不断发展，带电作业工具的品种越来越多。本书仅选取一部分常用的±660kV直流输电线路带电作业工具进行结构和用途方面的介绍。

一、 绝缘工器具

带电作业所用绝缘工具主要有绝缘绳索、绝缘滑车、绝缘软梯、绝缘拉（吊）杆等。

绝缘工具在带电作业过程中起到将人体与带电体绝缘，但同时又能接触到带电体的作用，要求具有极高的安全可靠性。

使用绝缘工具前，应使用2500V及以上兆欧表进行分段检测，每2cm测量电极间的绝缘电阻值不低于700MΩ。

使用绝缘工具时，应避免绝缘工具受潮和表面损伤、脏污。待用的绝缘工具应放置在清洁、干燥的垫子上。发现绝缘工具受潮或表面损伤、脏污时，应及时处理并经试验合格后方可使用。

（一） 绝缘拉（吊）杆

绝缘拉（吊）杆是一种常见的绝缘工器具，必须与丝杠收紧器或液压收紧器配套使用。其基本结构包括两端的金属连接装置和中部的绝缘承力杆。这两部分连接应确保牢固，且使用时灵活方便。

用于代替绝缘子串以承受导线垂直荷载或水平张力的工具，除了满足机械强度外，电气性能也要达到使用要求。由于绝缘拉（吊）杆顺杆方向的可承受力极强，常用作承力工具。±660kV 直流带电作业主要采用泡沫填充管绝缘拉（吊）杆（如图 4-2-1 所示）。

图 4-2-1
绝缘拉（吊）杆

（二）绝缘绳索

1. 功能介绍

绝缘绳索包括绝缘绳套、绝缘传递绳、导线绝缘保护绳等，是由绝缘丝线制成，在带电作业中用来挂接吊钩、吊杆、滑轮、卸扣等工器具，在不同电位之间传递工具、材料，防止作业人员高空坠落，防止导线脱落，检测带电设备间或带电设备对地距离的工具。

2. 各类标准及要求

（1）尺寸要求

①绝缘绳套

绝缘绳套可分为无极绝缘绳套和两眼绝缘绳套，可以根据需要做成各种绳径和长度。

②绝缘传递绳

绝缘传递绳应采用桑蚕丝为原料，绳径不小于12mm，长度可做成50m、100m、200m各种规格。

③导线绝缘保护绳

导线绝缘保护绳应采用桑蚕丝为原料，其直径一般为16mm，长度为10m。

（2）电气性能要求

常规型绝缘绳索的电气性能应符合表4-2-1的规定，防潮型绝缘绳索的电气性能应符合表4-2-2的规定。

表 4-2-1

常规型绝缘绳索的电气性能

序号	试验项目	试品有效长度（m）	电气性能要求
1	加压 100kV 时高湿度下交流泄漏电流（μA）（相对湿度 90%，温度 20℃，24h）	0.5	不大于 300
2	工频干闪电压（kV）	0.5	不小于 170

表 4-2-2

防潮型绝缘绳索的电气性能

序号	试验项目	试品有效长度（m）	电气性能要求
1	工频干闪电压（kV）	0.5	不小于 170
2	加压 100kV 时持续高湿度下工频泄漏电流（μA）（相对湿度 90%，温度 20℃，168h）	0.5	不大于 100
3	加压 100kV 时进水后工频泄漏电流（μA）（水电阻率 100Ω·m，浸泡 15min，抖落表面附着水珠）	0.5	不大于 500
4	淋雨工频闪络电压（kV）（雨量 1mm/min，水电阻率 100Ω·m）	0.5	不小于 60

（续表）

序号	试验项目	试品有效长度（m）	电气性能要求
5	50%断裂负荷拉伸后高湿度下工频泄漏电流（μA）（相对湿度90%，温度20℃，168h，加压100kV）	0.5	不大于100
6	经漂洗后高湿度下工频泄漏电流（μA）（相对湿度90%，温度20℃，168h，加压100kV）	0.5	不大于100
7	经磨损后高湿度下工频泄漏电流（μA）（相对湿度90%，温度20℃，168h，加压100kV）	0.5	不大于100

（3）机械性能要求

常规型绝缘绳索的机械性能应满足表4-2-3的要求。

表4-2-3

常规型绝缘绳索的机械性能

直径（mm）	伸长率（不大于）（%）	断裂强度（不小于）（kN）	测量张力（N）
6±0.3	20	4.0	85
12±0.4	35	11.2	210
14±0.4	35	14.4	350
16±0.4	35	18.0	450
12±0.4（高强）	20	30.0	260

（三）绝缘软梯

1. 功能介绍

绝缘软梯是等电位电工进入强电场的途径之一。采用软梯法进行带电作业时，等电位电工要通过绝缘软梯从地面攀爬至导线处后进入强电场。

2. 各类标准及要求

（1）尺寸要求

绝缘软梯的边绳和环形绳应采用桑蚕丝或不低于桑蚕丝性能的阻燃绝缘纤维为原料。采用编织结构时，边绳的绳芯、环形绳的直径应不小于 8mm，编织的内纬线节距为 8mm；除边绳的扣接头、环形绳的定位包箍连接点外，其外径应不小于 10mm，外纬线节距为 3mm。采用捻合结构时，边绳和环形绳的直径为 10mm，绳股的捻距为32mm±0. 3mm。

绝缘软梯的软梯头宜采用高强度铝合金和合金结构钢为原材料。绝缘软梯的横蹬应采用 3640 型环氧酚醛层压玻璃布管。横蹬的外径为 22mm，壁厚为 3mm，长度为 300mm，两端管口应呈 R1. 5 的圆弧状。

（2）电气性能要求

绝缘软梯的电气性能应符合表 4-2-4 的要求。

表 4-2-4
绝缘软梯的电气性能

序号	试验项目	试品有效长度（m）	电气性能要求
1	加压 100kV 时高湿度下交流泄漏电流（μA） （相对湿度 90%，温度 20℃，24h）	0.5	不大于 500
2	工频干闪电压（kV）	0.5	不小于 170

（3）机械性能要求

绝缘软梯的抗拉性能、软梯头的整体挂重性能应符合表 4-2-5、表 4-2-6 的要求。

表 4-2-5
绝缘软梯的抗拉性能

受拉部位	两边绳上下端绳索套扣	两边绳上端绳索套扣至横蹬中心点
拉断力不小于（kN）	18.5	3.5

表 4-2-6
软梯头的整体挂重性能

试验项目	试验负荷（kN）	技术要求
静负荷试验	4.6	加载 5min 后卸载，各部件无永久变形
动负荷试验	2.7	加载后能在导线、地线上移动自如
破坏试验	5.5	不小于试验负荷

二、 金属工具

带电作业用金属工具主要有导线提线器、大刀卡、耐张前（后）卡、闭式卡、丝杠等。在带电作业过程中用绝缘传递绳传递大件金属物品（包括工具、材料）时，杆塔或地面上的作业人员应将金属物品接地后才能触及。在强电场附近放置的与地绝缘的体积较大的金属物件（如汽车等），应注意防护感应电伤害，必须先将该金属物件接地才能触及。

（一） 导线提线器

1. 功能介绍

导线提线器即四线吊钩，用于更换±660kV 直线塔单 V 型整串复合绝缘子。使用时，通过丝杠和绝缘拉（吊）杆将导线提升器的上端连接到铁塔上，下端则卡在四条子导线上；通过丝杠将导线提升，卸去导线对绝缘子的力，从而对其进行更换（如图 4-2-2 所示）。

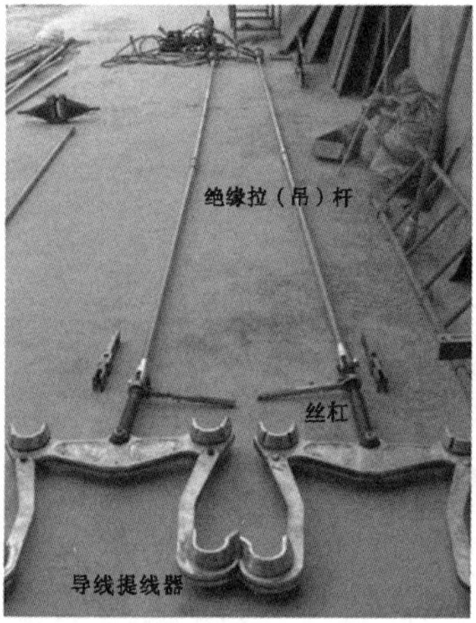

图 4-2-2
带电更换直线塔单 V 型整串复合绝缘子成套工具

导线提线器的卡具主体采用钛合金 TC4，为主受力部件；两侧贴铝合金板，为卡具侧向稳定辅助材料；整体采用黏合、铆合工艺组合。

卡具由上、下两部分组成。上层是托架，起主体作用，主要受弯距控制；下层是由两个吊钩组合后成为 500×500mm 中心距的挂线钩。托架受弯控制，吊钩受拉控制。

2. 各类标准及要求

（1）尺寸要求

导线提线器的设计要求应满足图 4-2-3、图 4-2-4、图 4-2-5 的要求。

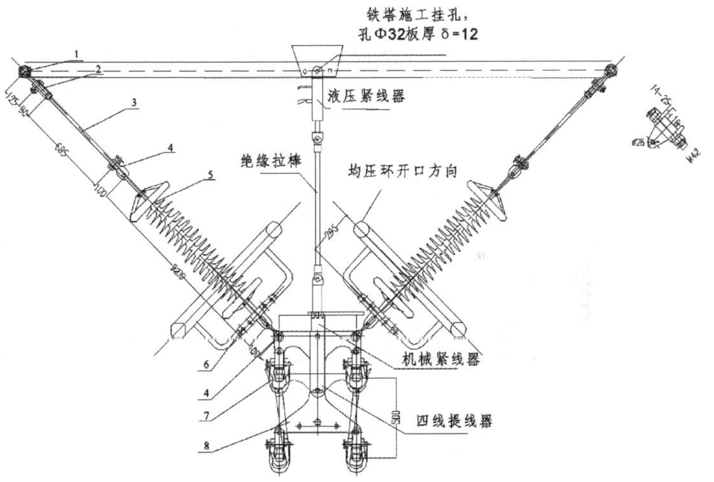

图 4-2-3

带电更换直线塔单 V 型整串复合绝缘子成套工具工作原理图

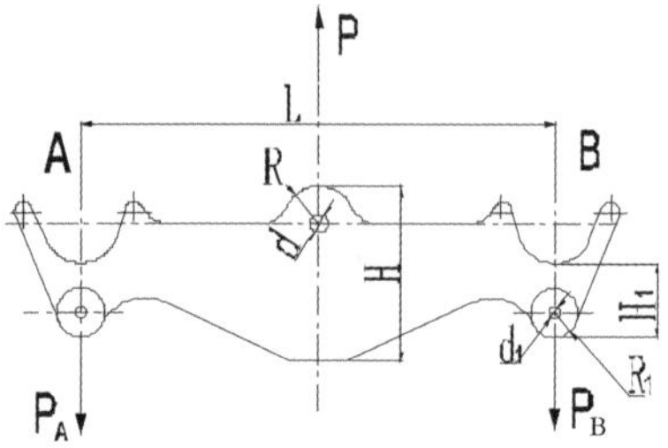

图4-2-4

导线提线器上托架设计方案

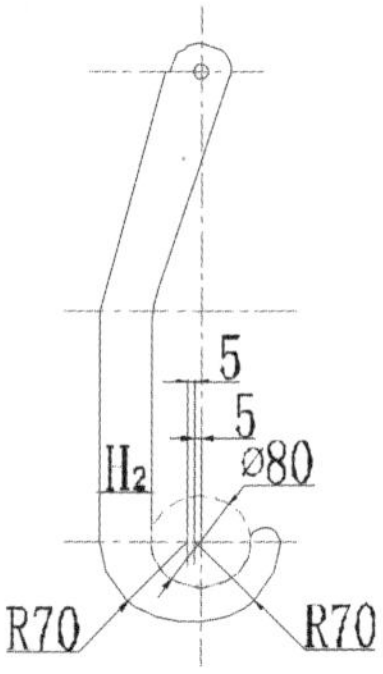

图4-2-5

导线提线器下吊钩设计方案

(2) 机械性能要求

导线提线器的机械性能应满足表 4-2-7 的要求。

表 4-2-7

导线提线器的机械性能

试验项目	施加荷载（kN）	施加时间（min）	技术要求
吊钩试验	105	5	装置完好，无损坏现象
吊架试验	195		

（二） 大刀卡

1. 功能介绍

大刀卡用于更换±660kV 直线塔双 V 型、双 L 型整串复合绝缘子。使用时，通过丝杠和绝缘拉（吊）杆将大刀卡的活动端连接到铁塔上，卡具端则卡在双串绝缘子的联板上；通过丝杠卸去绝缘子的力，从而对其进行更换（如图 4-2-6 所示）。

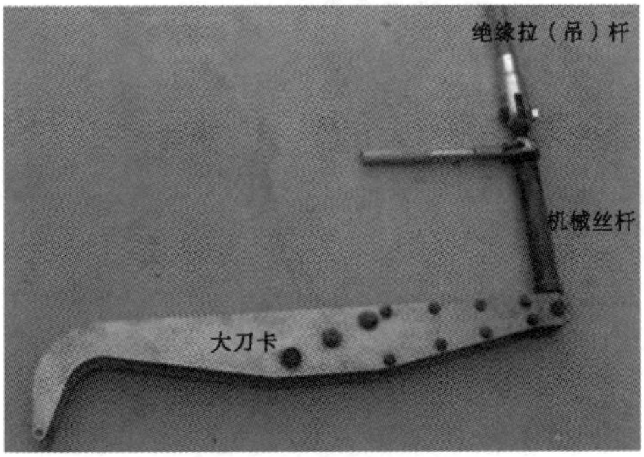

图 4-2-6
大刀卡—机械丝杠—绝缘拉（吊）杆连接示意图

大刀卡的卡具主体采用钛合金 TC4，为主受力部件；整体采用黏合、铆合工艺组合。

2. 各类标准及要求

(1) 尺寸要求

大刀卡的设计要求应满足图 4-2-7、图 4-2-8 的要求。

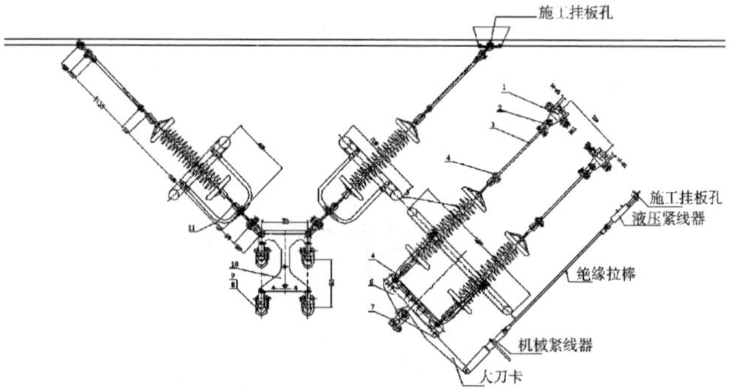

图 4-2-7
带电更换直线塔双 V 型整串复合绝缘子成套工具工作原理图

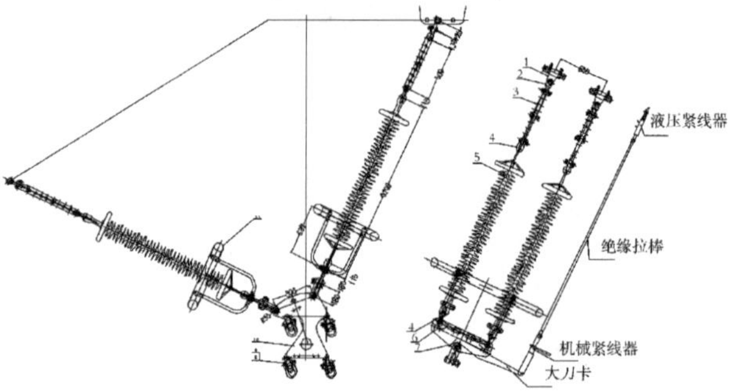

图 4-2-8
带电更换直线塔双 L 型整串复合绝缘子成套工具工作原理图

（2）机械性能要求

大刀卡的机械性能应满足表 4-2-8、图 4-2-9 的要求。

表 4-2-8
大刀卡的机械性能

试验项目	施加负荷（kN）	施加时间（min）	技术要求
静负荷试验	130	5	装置完好，无损坏、变形

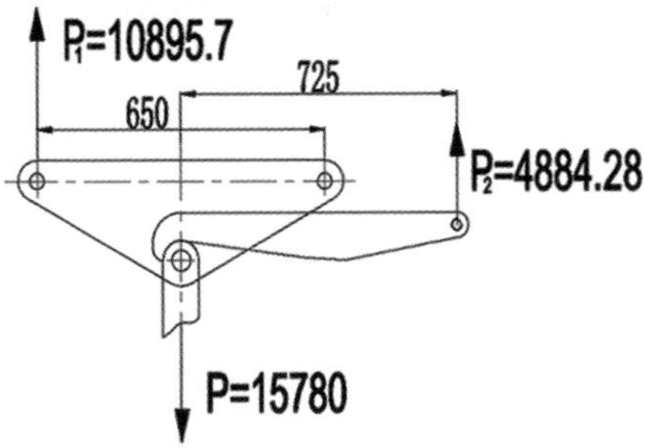

图 4-2-9
大刀卡荷载分析图

（三） 耐张前卡、耐张后卡及闭式卡

1. 功能介绍

耐张前卡、耐张后卡用于更换±660kV 耐张塔整串绝缘子。使用时，将前卡固定在需要更换的瓷瓶串的导线端，后卡则固定在铁塔端，前卡、后卡之间通过绝缘拉（吊）杆和丝杠连接；通过收紧丝杠，使要更换的瓷瓶串松弛，从而将其更换（如图 4-2-10 所示）。

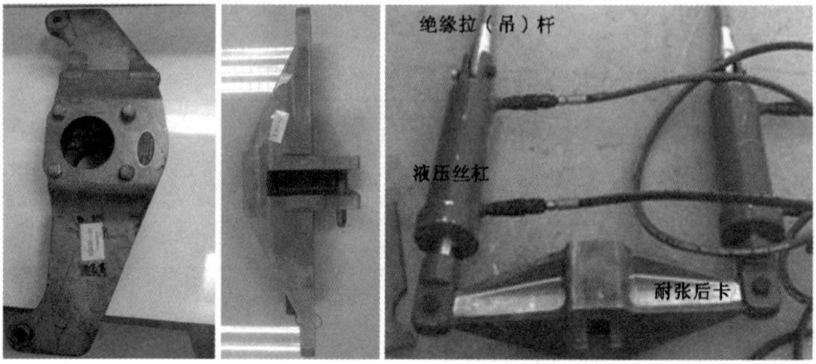

（a）耐张前卡　（b）耐张后卡　（c）耐张后卡—液压丝杠—绝缘拉（吊）杆连接示意图

图 4-2-10
耐张前卡、耐张后卡及连接示意图

闭式卡用于更换±660kV 耐张塔单片绝缘子。使用时，需与耐张前卡、耐张后卡配合使用，将前卡固定在需要更换的瓷瓶串的导线端，后卡则固定在铁塔端，前卡、后卡之间通过绝缘拉（吊）杆和丝杠连接；通过收紧丝杠，使要更换的瓷瓶串松弛，此时将闭式卡两端分别卡在需要更换的单片瓷绝缘子前后各一片处，收紧闭式卡，使需要更换的瓷绝缘子与其前后绝缘子分离，从而对其进行更换（如图 4-2-11 所示）。

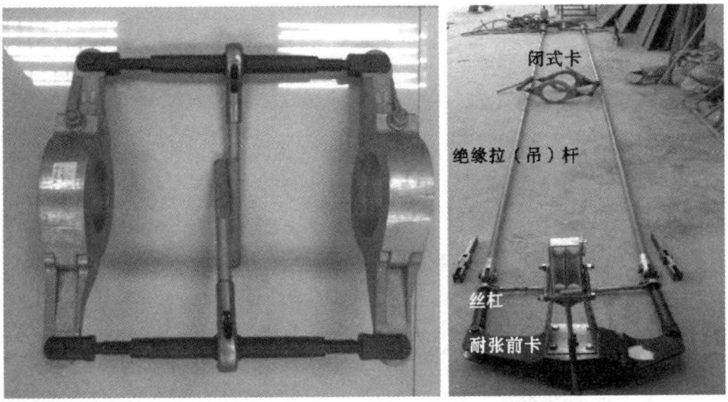

（a）闭式卡　　（b）带电更换耐张塔整串（单片）瓷绝缘子成套工具

图 4-2-11
闭式卡及成套工具图

耐张前卡、耐张后卡、闭式卡的卡具主体采用钛合金TC4，为主受力部件；整体采用黏合、铆合工艺组合。

2. 各类标准及要求

（1）尺寸要求

耐张卡具的设计要求如图 4-2-12、图 4-2-13、图 4-2-14、图 4-2-15 所示。

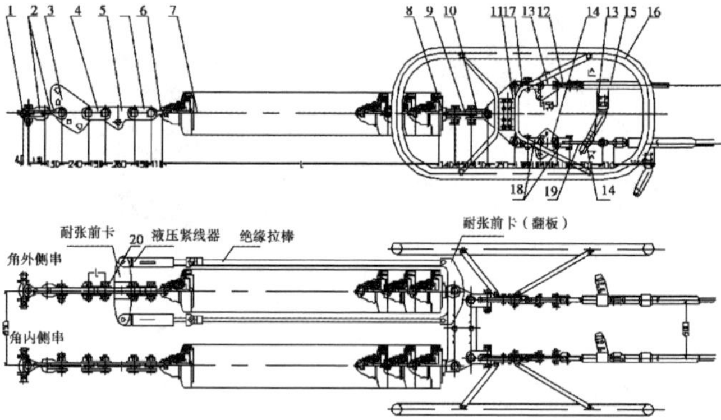

图 4-2-12

带电更换耐张塔整串（单片）瓷绝缘子成套工具工作原理图

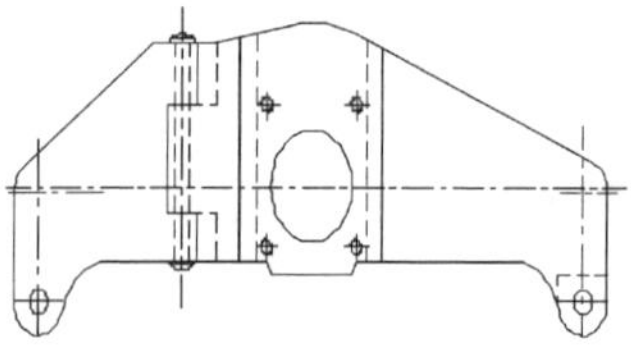

图4-2-13

耐张前卡设计方案

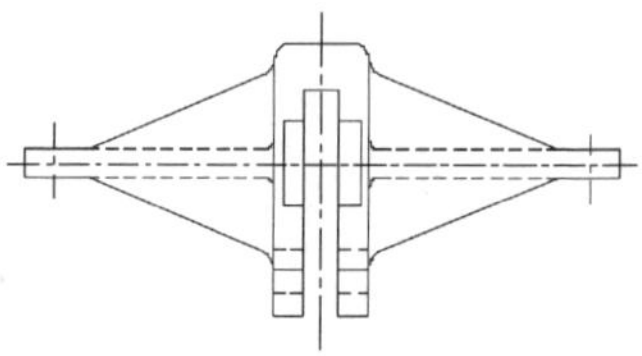

图4-2-14

耐张后卡设计方案

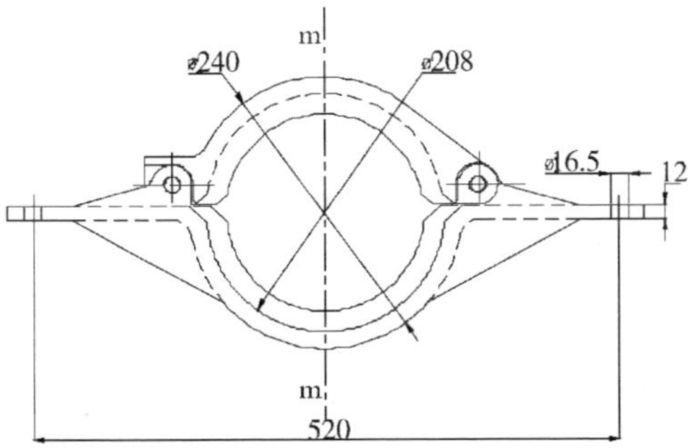

图 4-2-15
闭式卡设计方案

（2）机械性能要求

耐张卡具的机械性能要求如表 4-2-9 所示。

表 4-2-9
耐张卡具的机械性能

试验项目	施加负荷	施加时间	技术要求
静荷载试验	380kN	5min	装置完好，无损坏现象

三、 辅助工具

（一） 液压紧线器

在更换绝缘子的作业中，需要卸去绝缘子串上的力，使之松弛后方可进行更换，此时就要用到液压紧线器。

液压紧线器是通过液压装置来松紧导地线的装置，广泛应用于±660kV带电更换绝缘子等作业中，完成超出人力范围的提升、放松导线工作，从而卸去施加在绝缘子上的力，以对其进行更换。

（二） 机械丝杠

机械丝杠的作用与液压紧线器类似，同样应用于±660kV带电更换绝缘子等作业中。相对于液压紧线器，机械丝杠重量轻、使用简便、维护简单，但是使用时较为费力，对人员力量的要求更高。

（三） 机械绞磨

±660kV直流输电线路使用的金具、绝缘子等工具材料，无论是体积还是重量，都远远超出500kV直流输电线路所用的工具材料。作业人员在传递大件工具材料时，如果仅凭人力，则不仅效率低，而且危险系数大，一旦有人手滑，极有可能导致高空坠物。在传递大件物品时，使用机械绞磨可以很好地避免上述现象。

四、 安全防护工具

（一） 屏蔽服

带电作业安全防护服装主要是带电作业用屏蔽服。

整套屏蔽服包括上衣、裤子、帽子、面罩、手套、短袜、鞋子以及相应的连接线和连接头。GB/T 6568-2008《带电作业用屏蔽服装》规定，屏蔽服应具有较好的屏蔽性能、较低的电阻、适当的载流容量、一定的阻燃性和较好的服用性能，并应满足以下要求。

1. 衣料技术要求

（1）屏蔽效率

用于制作屏蔽服装的衣料，其屏蔽效率不得小于40dB。

（2）电阻

用于制作屏蔽服装的衣料，其电阻不得大于800mΩ。

（3）熔断电流

用于制作屏蔽服装的衣料，其熔断电流不得小于5A。

（4）耐电火花

屏蔽服装的衣料应具有一定的耐电火花能力，在充电电容产生的高频火花放电时不烧损，仅炭化而无明火蔓延。经过耐电火花试验2min以后，衣料炭化破坏面积不得大于$300mm^2$。

（5）耐燃

屏蔽服装的衣料与明火接触时，必须能够阻止明火的蔓延。试样的炭长不得大于300mm，烧坏面积不得大于$100cm^2$，且烧坏面积不得扩散到试样的边缘。

（6）耐洗涤

要确保在多次洗涤后，屏蔽服装衣料的电气和耐燃性能无明显降低，应能经受10次“水洗—烘干”过程。在衣料做过洗涤试验后，其技术性能应满足表 4-2-10 的要求。

表 4-2-10
衣料耐洗涤技术性能

屏蔽效率（dB）	熔断电流（A）	电阻（Ω）	燃烧炭化面积（cm^2）
≥40	≥5	≤1	≤100

（7）耐磨损

屏蔽服装的衣料必须耐磨损，使衣服具有一定的耐用价值。经过 500 次摩擦试验后，衣料电阻不得大于 1Ω，衣料屏蔽效率不得小于 40dB。

（8）断裂强度和断裂伸长率

导电纤维类衣料的径向断裂强度不得小于 343N，纬向断裂强度不得小于 294N，径向、纬向断裂伸长率均不得小于 10%。导电涂层类衣料的径向断裂强度不得小于 245N，纬向断裂强度不得小于 245N，径向、纬向断裂伸长率均不得小于 10%。

2. 成品要求

（1）上衣、裤子

为了确保整套屏蔽服装的电阻不大于规定值，分别测量上衣、裤子任意两个最远端之间的电阻均不得大于 15Ω。

（2）手套、短袜

手套、短袜的电阻均不得大于15Ω。

（3）鞋子电阻

鞋子的电阻不得大于500Ω。

（4）帽子

必须确保帽子和上衣之间的电气连接良好。帽子必须通过屏蔽效应试验，并在整套衣服的屏蔽性能试验中一起进行。对Ⅰ型屏蔽服装，帽子的保护盖舌和外伸边沿必须确保人体外露部位（如面部）不会产生不舒适感，并应确保在最高使用电压情况下，人体外露部位的表面场强不得大于240kV/m。

（5）面罩

面罩采用导电材料和阻燃纤维编织，视觉应良好，屏蔽效率不得小于20dB。

（6）整套屏蔽服装

对屏蔽服装的膝部、臀部、肘部和手掌等易损部位，可用双层衣料适当加强，以提高整套屏蔽服装的耐用性能。为确保整套屏蔽服装的电阻和屏蔽性能符合相关标准规定，应对组装好的整套屏蔽服装进行试验检查，确认整套屏蔽服装各最远端点之间的电阻值均不得大于20Ω。

在规定的使用电压等级下，测量屏蔽服装的胸前、背后和帽内头顶三个部位的体表场强均不得大于 15kV/m，测量人体外露部位（如面部）的体表局部场强不得大于 240kV/m，测量屏蔽服内流经人体的电流不得大于 50μA。对屏蔽服装通以规定的工频电流，并经一定时间的热稳定后，测量屏蔽服装任何部位的温升不得超过 50℃。

（7）分流连接线及连接头

为了保证整套屏蔽服装有较大的通流容量和较小的电阻，在上衣、裤子、手套、短袜、帽子等适当部位，应安放分流连接线。屏蔽服装每路分流连接线的截面积应不小于 $1mm^2$，并应具有适当的机械强度，使其不易折断。上衣、裤子均应有两路独立的分流连接线及连接头通道。衣、裤、帽、手套、短袜等各部件均应有两个连接头。如果手套与上衣之间或短袜与裤子之间能够通过衣料直接接触而使其在电气上导通，则可以分别只装配一个连接头。

（二） 电位转移棒

±660kV 直流输电线路的杆塔高，塔头尺寸大，多数带电检修项目需作业人员进入等电位完成。作业人员在进入等电位的过程中处于中间电位，将带电导线与杆塔之间的间隙分为两段，分别由作业人员与杆塔、作业人员与带电导线构成。作业人员在接近带电导线的过程中，靠近导线的一面被感应出与直流导线极性相反的电荷，并在最靠近导线的尖端部位（伸出的手臂、脚尖）积聚，造成电场的畸变。当作业人员与导线接近到一定程度时，由于作业人员与导线间的间隙距离减少，再加上电场的畸变作用，作业人员与导线的间隙场强逐渐变高，从而造成此段间隙被击穿。在间隙被击穿的同时，作业人员与导线间形成稳定的电弧，通过电弧弧道，导线上的电荷与人体上感应出来的电荷迅速中和，在极短时间内形成幅值较大的电流。作业人员与导线间形成电弧后，弧道阻抗远远小于作业人员与塔身间空气间隙的阻抗，因此，作业人员与导线间电压迅速降低。当电压下降到一定程度后，电弧通道将被阻断，电荷及能量的转移过程随即停止，电流幅值为0，从而终止一次脉冲放电。该次脉冲放电结束后，作业人员与导线间的阻抗恢复、空气间隙又将出现较高的电场，人体上又将被感应出电荷并积聚造成电场畸变，在电场强度增加到一定程度后，作业人员与导线间的空气间隙又将被击穿，从而出现与前一次类似的放电过程。因此，在作业人员接近导线的过程中，将不断出现间歇性的脉冲放电，直到作业人员最终与导线接触。在电位转移过程中，作业人员与导线的整个放电过程由一系列脉冲放电组成。

根据±660kV直流输电线路进出等电位模拟试验的观察，当试验模拟人与导线接近约0.4m时，模拟人的头部、脚尖等均可能与导线之间产生电弧，多个电弧通道的出现造成脉冲电流具有较大的分散性。经仿真计算可知，±660kV 直流输电线路作业人员距带电导线 0.5m 进行电位转移时，流过人体的最大瞬态能量可达 0.79J。考虑脉冲放电点可能发生在作业人员头部，推荐采用电位转移棒进行电位转移后再进入等电位。

电位转移棒是等电位作业人员进出等电位时使用的一种金属工具，用来减小放电电弧对人体的影响，避免脉冲电流对屏蔽服可能造成的损伤、烧蚀。

带电作业用电位转移棒的长度一般为 0.4m，可由金属硬质材料制成，主要包括引线、连接头、金属棒和金属钩四部分。引线和金属钩分别连接在金属棒的两端，连接头接在引线的另一端，金属棒为表面光滑的圆形物体。

在未进行电位转移工作时，电位转移棒应可靠固定在等电位作业人员身上，不应减少等电位作业人员与接地体（杆塔、拉线）及带电体的各电气间隙距离，不应妨碍等电位作业人员动作。使用时，电位转移棒一端应通过软铜线可靠连接在屏蔽服上。

作业人员应穿着全套屏蔽服装接近导线，在距离导线 0.4~0.6m 时，使用电位转移棒进行电位转移进入等电位。使用电位转移棒进入等电位时，将大幅减小电位转移时的脉冲电流、明显减弱电弧，避免对作业人员的安全造成危害和对屏蔽服造成烧蚀，大大提高进入等电位的安全性，延长屏蔽服的使用寿命，提高带电作业工作效率。

第三节 带电作业工器具试验

带电作业工器具的设计应符合 GB/T 18037 的要求，屏蔽服装、绝缘绳索、绝缘杆、绝缘子卡具等应按照 GB/T 6568、GB/T 13035、GB 13398、DL/T 463、DL/T 878 等标准要求，通过型式试验和出厂试验。

带电作业工器具应定期按照 DL/T 976 的试验方法进行电气试验和机械试验，其试验周期为：

（1）电气试验：每年一次预防性试验，每年一次检查性试验，两次试验间隔半年。

（2）机械试验：两年一次绝缘工具预防性试验，每年一次金属工具预防性试验。

一、 预防性试验

（一） 直流耐压试验

试验电极间试品的绝缘长度为 4.8m，耐受电压为

755kV，时间为 3min。以无击穿、无闪络、无过热为合格。

（二） 操作冲击耐压试验

试验电极间试品的绝缘长度为 4.8m，标准操作冲击波为（+250μs/2500μs），电压幅值为 1325kV，耐受 15 次。以无击穿或闪络为合格。

（三） 静负荷试验

1.2 倍额定工作负荷下持续 1min。以无变形、无损伤为合格。

（四） 动负荷试验

1.0 倍额定工作负荷下实际操作 3 次。以工具灵活、轻便、无卡住现象为合格。

二、 检查性试验

（一） 绝缘工具耐压

将绝缘工具分成若干段进行工频耐压试验。每 300mm 耐压 75kV，时间为 1min。以无击穿、无闪络、无发热为合格。

（二） 屏蔽服电阻

整套屏蔽服装最远端点之间的电阻值不得大于 20Ω。

第四节

带电作业工器具保管

带电作业工器具特别是绝缘工器具的性能优劣是性命攸关的大事。因此，带电作业工器具应严格按照规程规定，采取有效的措施进行使用与保管。

一、带电作业工器具专用库房

带电作业工器具应存放在清洁、干燥、通风的专用工具库房内。库房四周及屋顶应装有红外线干燥灯，以保持室内干燥。库房内应装有通风装置及除尘装置，以保持空气新鲜且无灰尘。此外，库房内还应配备小型烘干柜，用来烘干经常使用的或出库时间较长的（如外出工作连续几天未入库的）绝缘工器具。

带电作业专用库房除具备以上条件外，还应做到与室外保持恒温的效果，以防止绝缘工器具在冷热突变的环境下结霜、变潮。库房内存放的各类工器具要有固定位置，绝缘工具应有序地摆放或悬挂在离地的高低层支架上（按工器具用途分类、按电压等级排序，并应标有名签），以利通风；金属工器具应整齐地放置在专用的工具柜内（按工器具用途分类、按电压等级排序，并应标有名签）。

库房要设专人管理，要将所有工器具登记入册并上账，各类工器具要有完整的出厂说明书、试验卡片或试验报告书。工器具出入库必须进行登记，入库人员必须换拖鞋。库房管理人员要注意保持室内清洁卫生，定期对工器具进行烘干或进行外表检查及保养，如发现问题，应及时上报专责人员。此外，库房管理人员还要负责每年两次的电气试验及一年一次的机械试验。新工具入库后要做好验收试验工作，报废或淘汰的工器具要清理出库房，不得与可用工器具混放。

二、 带电作业工器具的使用、 运输及贮存

带电作业工器具出库装车前，必须用专用清洁帆布袋包装，长途运输应备有专用工具箱，以防运输途中工器具受潮、受污，同时也防止由于颠簸、挤压使工器具受损。

使用工器具时，在工作现场地面应放置防潮苫布，所有工器具均应摆放在防潮苫布上，严禁与地面直接接触；每个使用和传递工具的人员，无论在塔上还是在地面上，均需戴干净的手套，不得赤手接触绝缘工器具；传递人员传递工具时，要防止与杆塔磕碰。

外出连续工作时，还应配带烘干设备，每日返回驻地后，要对所带绝缘工器具进行一段时间的烘干，以备次日使用。

第五章

±660kV银东直流带电作业开展情况

第一节

直流等电位模拟试验情况

2011年4月14日，由国家电网公司中国电力科学研究院和山东电力集团超高压公司合作开展的世界首次±660kV直流输电带电作业在国家电网公司特高压直流试验基地获得成功。此次带电作业试验前后历经近两个小时，在±660kV直流输电条件下，身穿屏蔽服的作业人员成功完成了进出强电场、等电位修补导线、等电位更换间隔棒等作业项目。

±660kV直流输电在世界范围内都属于一个全新的电压等级，目前世界上只有我国的宁东—山东±660kV直流输电线路投入运行。该条线路输送容量为400万千瓦，约占我国经济大省山东省整个用电负荷的九分之一。若其发生非计划停运，将造成巨大经济损失，并对电网的稳定运行构成极大威胁。带电作业作为输电线路检修的重要手段，将有效保证特高压输电线路不间断持续供电，是确保电网安全及可靠稳定运行的基础。

在直流输电线路带电作业中，影响作业人员安全的因素主要来源于强直流电场的作用和电晕产生的离子流的作用。当直流输电线路导线及连接金具的表面电场强度大于电晕起始电场强度时，靠近导线表面和连接金具棱角处的空气将发生电离，产生的空间电荷将沿电力线方向运动。这些空间电荷本身产生的电场将大大加强由导线电荷产生的电场，且空间电荷随空气的流动、在电场力的作用下，不断由输电线路飘向地面，形成离子流。离子流遇到对地绝缘的物体时，将附着在该物体上，形成物体带电现象，可能引起暂态电击。离子流落在人体和衣服表面造成的局部暂态电击可以对人体产生刺痛感，高浓度的离子流如随呼吸进入人体会使人体产生不适。

带电作业工作中首先要考虑的是如何进出高压电场，其次是如何进行带电更换、维修线路设备装置。因此，在带电作业研究中，首先要研究作业人员进出电场过程中，由所在杆塔塔身位置的地电位，经组合间隙过渡到等电位作业时，分别需要的各种最小安全间隙距离。

前几章已经解决了以上一系列难题，保证了±660kV 直流输电线路带电作业的成功。

第二节

直流等电位带电作业开展情况

2011年7月，在直升机巡视中发现±660kV银东线极Ⅱ#2012塔1#子导线线夹与联板连接螺栓处缺少开口销，于10月11日开展等电位带电作业以消除此缺陷。

超特高压输电线路杆塔按受力情况分为直线塔和耐张塔，针对不同塔型所采取的进出电场方式也不一样。

吊篮法是等电位电工改变行进轨迹巧妙增加进出电场所组成的组合间隙，一般用于单回直线塔中相和双回直线塔中、上相。吊篮法的挂点较多，需要测量绝缘摆绳的绑扎距离，还需要考虑绝缘摆绳的初伸长，作业中不能保证等电位电工准确荡入导线内。因此，本次带电作业不推荐使用吊篮法。

软梯法一般用于单回直线塔边相、双回直线塔下相，可细分为两种：一种是将绝缘软梯挂于导线上，滑出线夹，等电位电工进入等电位后，走线至作业点处，这种做法的优势是可以有效避免等电位电工在攀登软梯过程中直接对杆塔下曲臂放电；另一种是将绝缘软梯直接挂在横担上，等电位电工直接从地面攀登绝缘软梯进入等电位。

银东直流线路双极线路可视为两边相，对于边相的线路一般采取软梯法进出电场，因此本次带电作业采用软梯法进行。无论是在攀登绝缘软梯过程中，还是在进出电场过程中，或是在作业过程中，等电位电工的各项安全距离都是可以保证的。

第三节

直流带电作业安全距离控制

前述进电场方式及作业项目应保证表 3-1-1、3-1-2 规定的最小安全距离。

一、 等电位电工与接地体、 塔上电工与带电体的距离控制

工作负责人应在作业前根据杆塔绝缘子金具计算带电体与接地体的距离，并在现场勘查中测量实际距离。

等电位电工进入电场后，手臂、头部不得向上伸展，人体的最高部位不得超过复合绝缘子的下均压环。

塔上电工开展作业时，手臂、双腿不得向下伸展，其长度不得超过复合绝缘子的上均压环。

二、 组合间隙控制

工作负责人应在作业前根据杆塔绝缘子金具计算等电位电工进出电场所组成的组合间隙，并确认组合间隙满足带电作业条件。

等电位电工在进出电场时，动作幅度不宜过大，采用吊篮法进出电场时，身体应尽量蜷缩在吊篮内，双臂不得超过吊篮边缘。

第四节

±660kV银东线极Ⅱ#2012塔带电作业指导书

本书以2011年10月17日的等电位带电作业指导书为例，从现场勘查、适用范围、引用文件、作业方式、人员分工、工作准备、作业程序各方面详细编制了适用于本次带电作业的作业指导书。

工作票号：________

±660kV 银东线#2012 极Ⅱ带电作业指导书

编写：刘兴君　　2011 年 10 月 10 日

审核：韩正新　张伟　孟海磊　　2011 年 10 月 10 日

批准：刘洪正　　2011 年 10 月 10 日

作业时间：2011 年 10 月 11 日 09 时 00 分至

2011 年 10 月 11 日 14 时 00 分

国网山东省电力公司检修公司输检中心

0. 现场勘察情况汇报

2011 年 7 月，在直升机巡视中发现±660kV 银东线极Ⅱ#2012 塔 1#子导线线夹与联板连接螺栓处缺少开口销（如图 1 所示）。此缺陷严重威胁线路设备安全运行，需带电消除。同时，需要完成模拟带电修补导线和模拟带电更换导线间隔棒工作。为确保安全完成本次任务，特编写本带电作业指导书。

±660kV 银东线极Ⅰ线路于 2010 年 11 月 28 日投运，极Ⅱ线路于 2011 年 2 月 28 日投运。极Ⅰ线路的极色标为红色，极Ⅱ线路的极色标为深蓝色。

2011 年 8 月 15 日，线路工区对作业现场开展了现场勘查。10 月 8 日，又对作业现场进行了现场复核。现场勘查结果如下：

①±660kV 银东线#2012 塔位于平原县王庙镇楼庄村，地处平地。塔型为 ZP2713，呼称高为 63m，属于复合绝缘子单 V 型整串设计，型号为 FXBW－±660/400，结构高度为 8500mm。

注：塔上电工登塔至银东线#2012 极Ⅱ适当位置后系好安全带，将绝缘滑车牢固挂在图 2 的①、②位置。

②±660kV 银东线#2012 塔的结构及地形具备带电作业条件（如图 3、图 4 所示）。

③本次带电作业确定采用软梯法进入电场，开具电力线路带电工作票 1 张，由刘兴君担任工作负责人。

图1

缺陷情况

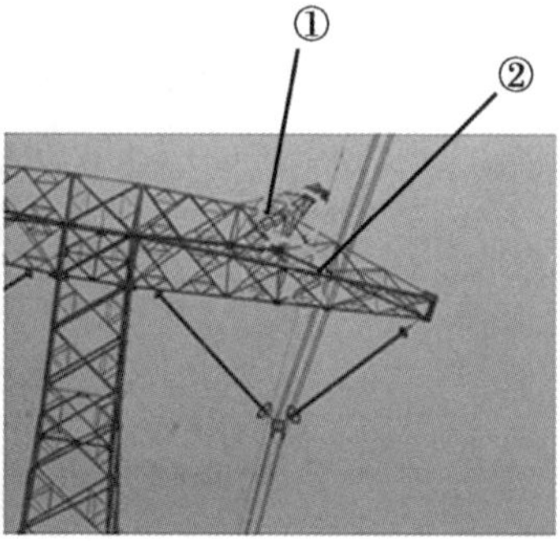

图2

悬挂绝缘滑车、绝缘软梯位

图3

带电作业现场条件1

图4

带电作业现场条件2

1. 范围

适用于带电补装±660kV银东线极Ⅱ#2012塔1#子导线线夹与联板连接螺栓处开口销作业、模拟带电修补±660kV银东线极Ⅱ#2012塔小号侧1#子导线作业、模拟带电更换±660kV银东线极Ⅱ#2012塔小号侧第1间隔棒作业。

2. 引用文件

GB/T 6568-2008 《带电作业用屏蔽服装》

GB/T 18037-2008 《带电作业工具基本技术要求与设计导则》

GB/T 13035-2008 《带电作业用绝缘绳索》

GB/T 13034-2008 《带电作业用绝缘滑车》

GB/T 14286-2008 《带电作业工具设备术语》

GB/T 2900.55-2002 《电工术语 带电作业》

DL 779-2001 《带电作业用绝缘绳索类工具》

Q/GDW 302-2009 《±800kV直流输电线路带电作业技术导则》

《±660kV直流输电线路带电作业技术导则》(报批稿)

《国家电网公司电力安全工作规程》(线路部分)

3. 作业方式

等电位带电作业，采用绝缘软梯法进入电场。

4. 人员分工

√	序号	作业分工	相关人员
	1	工作负责人	刘兴君（手机号：138××××××××）
	2	专责监护人	杜远(地面专责监护)、刘玉建(塔上专责监护)
	3	等电位电工	王进
	4	塔上电工	崔训龙
	5	地面电工	何蒙（1号）、王龙旭（2号）、秦伟（3号）、刘吉龙（4号）、姜良（5号）

5. 工作准备

5.1 准备工作安排

√	序号	内容	标准	责任人	备注
	1	明确作业项目及作业方法	本次带电作业项目为±660kV银东线带电补装开口销、模拟带电修补导线、模拟带电更换间隔棒。根据现场勘察结果，作业方式为等电位作业，作业方法为采用绝缘软梯法进入电场。		
	2	确定作业人员和劳动组合	工作负责人1名，专责监护人2人，等电位电工1名，塔上电工1名，地面电工5名，共计10名。		
	3	学习作业指导书	工作前，组织全体工作班成员进行指导书学习，工作班成员应明确工作内容、工作流程、安全措施、工作中的危险点，并履行确认手续。		
	4	确定准备作业所需物品要求	现场准备作业所使用的带电作业工具规格正确，预防性试验标签齐全，处于有效期内，经外观检查和电气检测合格；所使用的检测仪表规格正确，量程符合要求，处于鉴定有效期内；所使用的材料规格正确，质量符合要求。		

5.2 人员要求

√	序号	内容	标准	责任人	备注
	1	精神状态	具有良好的精神状态。		
	2	作业资格	①经医师鉴定，无妨碍工作的病症。②具备必要的电气知识和业务技能，熟悉《电力安全工作规程（电力线路部分）》相关内容，并经考试合格；具备必要的安全生产知识，学会紧急救护法，特别是触电急救方法。③持有带电作业培训合格证，并经生产单位批准上岗。		

5.3 工器具

√	序号	名称	型号/规格	单位	数量	备注
	1	绝缘传递绳	蚕丝绳（Φ12）	根	2	
	2	屏蔽服		套	2	全套
	3	绝缘摇表	5000V	块	1	
	4	温湿度仪		台	1	
	5	风速仪		台	1	
	6	万用表		台	1	
	7	工具桶		个	2	
	8	线手套		副	10	
	9	帆布	4m×6m	块	2	
	10	绝缘滑车	3T	个	2	
	11	绝缘绳套	0.5m	根	6	

（续表）

√	序号	名称	型号/规格	单位	数量	备注
	12	绝缘软梯		副	5	
	13	U 型环	5T	个	6	
	14	闭合钩		个	12	
	15	砂纸	0#	张	2	
	16	间隔棒扳手		个	1	
	17	电位转移棒		支	1	
	18	安全带		套		自备
	19	个人工具		套		自备
注：绝缘工器具的机械及电气强度均应满足安规要求，并经周期预防性及检查性试验合格。						

5.4　材料

√	序号	名称	型号/规格	单位	数量	备注
	1	开口销		个	若干	
	2	导线预绞丝		组	1	
	3	导线间隔棒	FJZ-450/1000	个	1	

5.5 危险点分析及安全措施

√	序号	危险点分析	安全措施
	1	防止线路再启动	工作负责人在工作开始前，应与值班调度员联系，申请停用再启动保护装置，由值班调度员履行许可手续。带电作业结束后，应及时向值班调度员汇报。在带电作业过程中，如遇设备突然停电，作业人员应视设备仍然带电，工作负责人应尽快与调度员联系，值班调度员未与工作负责人取得联系前不得再启动线路设备。
	2	防止误登杆塔	核对线路名称（±660kV银东直流极Ⅱ）、塔号（#2012）、极色标（深蓝色）。工作负责人确认工作地点正确，防止误登杆塔。
	3	防止天气突变	带电作业应在良好天气下进行。前往现场前，应注意当地气象部门当天的天气预报。到达现场后，应对作业所及范围气象条件作出能否进行作业的判断：相对湿度超过80%时，不得进行本作业；风力大于5级（10m/s）时，不宜进行本作业。作业过程中，应注意观察天气变化，如遇大风、雨雾等紧急情况，应按照规程采取正确措施，保证人员和设备安全。
	4	防止人身触电	①现场作业人员必须穿工作服，正确佩戴安全帽。 ②等电位电工、塔上电工必须在衣服最外面穿全套合格的屏蔽服，确认屏蔽服各部位连接良好，屏蔽服衣裤任意两端点之间的电阻均不得大于20Ω，屏蔽服内应穿阻燃内衣。等电位作业人员必须穿戴面罩。 ③正确使用兆欧表和万用表，确认接线正确，防止高压电击。

（续表）

√	序号	危险点分析	安全措施
	5	防止线路闭锁	①认真执行现场勘察制度，收集分析线路施工图纸资料，根据杆塔型式、设备间距以及现场测量选取作业距离等。 ②在运输中，带电绝缘工具应装在专用的工具袋内，以防受潮和损伤。进入作业现场后，应将带电作业工具放置在防潮的帆布上，防止绝缘工具在使用中脏污、受潮。使用带电作业工具前，仔细检查其试验标签是否齐全、合格，处于预防性试验有效期内；确认没有损坏、受潮、变形、失灵，否则禁止使用；用干燥清洁的毛巾对绝缘工具进行清扫，并使用5000V绝缘检测仪进行分段绝缘检测（电极宽2cm，极间宽2cm）。操作绝缘工具时，应戴清洁干燥的手套。 ③进行带电作业时，等电位电工、塔上电工应注意减小操作动作幅度。工作负责人应严格监护等电位或地电位作业人员保持与接地体或带电体的距离不得小于4.2m，等电位作业人员作业过程中距上横担不得小于4.8m。 ④绝缘操作杆、承力和绝缘绳索的有效绝缘长度不得小于5.0m。 ⑤使用绝缘软梯进出等电位时，绝缘后备保护绳索的行进速度必须由地面电工严格控制，做到均匀、慢速，不得过快。 ⑥等电位作业人员在进出电场和转移电位前，应再次检查确认屏蔽服各部位连接良好，并应得到工作负责人的许可。

（续表）

√	序号	危险点分析	安全措施
	6	防止高空坠落	①塔上电工登杆塔前，应先检查登高工具、脚钉等是否完整牢靠。 ②等电位电工攀爬软梯前，应对软梯试压合格。攀爬时应匀速，抓牢踩稳。 ③进行高空作业时，安全带和保护绳应分挂在杆塔不同部位的牢固构件上，防止安全带被锋利物损坏。进行作业、转位时，手扶的构件应牢固，且不得失去后备绳的保护。 ④等电位作业人员在走线过程中，应绑扎双保险安全带，即长腰绳揽住4根子导线、短腰绳揽住1根子导线。在过间隔棒过程中，不可失去安全带的保护，并应随时检查腰绳的磨损情况。
	7	防止高空落物	①现场作业人员应正确佩戴安全帽。 ②上下传递物件时，应用绝缘绳索拴牢传递，严禁上下抛扔。保管好携带的工器具及材料，防止高空落物。 ③地面电工不得站在作业处垂直下方，高空落物区不得有人通行或逗留。
	8	防止由作业人员自身原因带来的危害或造成设备异常	①本次作业的工作负责人在工作期间不得直接操作，应认真担负起安全责任，正确安全地组织工作。 ②工作前，工作负责人对工作班成员进行危险点告知，交代安全措施和技术措施，并确认每一个工作成员都已知晓。 ③严格执行工作票所列各项措施，督促监护工作班成员遵守规程、正确使用劳动防护用品和执行现场安全措施。 ④察看工作班成员精神状态是否良好、工作班成员变动是否合适等。 ⑤工作班成员严格遵守安全规章制度、技术规程和劳动纪律，正确使用安全工器具和劳动防护用品，相互关心工作安全，并监督安全规程的执行和现场安全措施的实施。

6. 作业程序

6.1 开工

√	序号	内 容	作业人员签字
	1	作业人员进入工作现场，到达杆塔合适位置。	
	2	工作负责人明确作业内容和任务分工，作业人员签字确认。	
	3	工作负责人向调度员申请开工，获取工作许可。	
	4	调度确认工作票后，下达允许开工令。	
	5	作业人员铺好防潮帆布，摆放工器具，进行作业前准备工作。	
	6	地面电工进行工器具的连接和检查，并进行风速、湿度、绝缘绳索的检测，不合格的物品禁止使用。	
	7	等电位电工穿戴屏蔽服（阻燃内衣已穿好）、进行连接检查，塔上监护人和塔上电工穿戴屏蔽服、佩戴安全工器具。	
	8	准备完毕，各作业人员向工作负责人汇报。	
	9	工作负责人宣读工作票，交代安全注意事项。各作业人员履行签字确认手续。	
	10	工作负责人宣布开始登塔作业。	

6.2 作业内容及标准

√	序号	作业内容	作业步骤及标准	安全措施注意事项	责任人签字
	1	确认作业地点	工作负责人确认工作地点为±660kV银东线极Ⅱ#2012塔。	防止误登杆塔。	
	2	现场作业环境测量	测量项目 / 标准值 / 实测值 风速 / 不宜大于10m/s / 湿度 / 不大于80% /	风力大于10m/s时，不宜进行带电作业；湿度大于80%时，不得进行带电作业。	
	3	地面准备工作	①工器具的搬运、摆放。 ②1-2号地面电工相互配合，用5000V绝缘摇表对绝缘传递绳、绝缘软梯进行摇测，并由1号地面电工将结果汇报工作负责人。 ③3号地面电工协助等电位电工、塔上电工穿好屏蔽服。 ④1-2号地面电工相互配合，用万用表测量屏蔽服最远两端点之间的电阻值，并由1号电工将结果汇报工作负责人。 ⑤地面专责监护人对屏蔽服连接情况进行检查，并汇报工作负责人。	①遵守安规关于带电作业工器具的使用要求。 ②遵守安规关于屏蔽服的使用要求。 ③地面电工应佩戴清洁、干燥的手套，防止绝缘工具在使用时脏污和受潮。	

（续表）

√	序号	作业内容	作业步骤及标准	安全措施注意事项	责任人签字
	4	攀登杆塔	①严格执行现场指认许可制度。 ②塔上电工将1号绝缘传递绳及滑车携带至横担处，行至极Ⅱ导线正上方，扎好安全带。检查杆塔的导线金具的连接情况，挂好绝缘传递绳及滑车。	①攀登时，应注意脚钉的稳固性。 ②人体与带电体保持不小于4.2m的安全距离。	
	5	传递、悬挂及试压软梯	①1号地面电工使用1号绝缘传递绳绑扎好绝缘软梯。 ②2-3号地面电工将绝缘软梯传递给塔上电工。 ③塔上电工使用U型环在导线正上方横担位置固定好，并检查牢固情况。	①塔上电工作业及转位时，不得失去安全带的保护。安全带应系在牢固的构件上，同时应检查其牢固情况。 ②地面电工应对绝缘软梯进行压力试验。	
	6	攀登软梯	等电位电工使用1号绝缘传递绳作为后备保护，携带电位转移棒攀登绝缘软梯至距导线0.5m处时，申请等电位。	1-2号地面电工控制好等电位电工的后备保护绳，保持其匀速上下。	
	7	进入强电场	得到工作负责人的许可后，等电位电工使用电位转移棒迅速挂住导线进入等电位；进入电场后，坐在2#、3#子导线上。	等电位电工距铁塔不得小于4.2m，距上横担不得小于4.8m。	

（续表）

√	序号	作业内容	作业步骤及标准	安全措施注意事项	责任人签字
	8	检查金具，补装开口销	等电位电工检查金具连接情况，安装开口销，并将其开口。	等电位电工距铁塔不得小于4.2m，距上横担不得小于4.8m。	
	9	传递绝缘绳，移动至作业位置	①地面电工使用1号绝缘传递绳将滑车及2号传递绳绑扎牢固，使用1号传递绳传至等电位。 ②等电位电工携带滑车及传递绳行进至作业位置，坐在2#、3#子导线上。	①等电位电工在走线过程中，应使用有后备绳的双保险安全带。 ②在过间隔棒的过程中，不可失去安全带的保护，并应随时检查长短腰绳的磨损情况。	
	10	修补导线	①1号地面电工将预绞丝装入工具桶内，使用2号传递绳绑扎牢固，并将其传至等电位。 ②等电位电工使用0#砂纸、钳子将导线做平滑处理，再使用预绞丝对导线进行处理。	等电位电工所使用的个人工器具应绑扎牢固，防止高空落物。	

（续表）

√	序号	作业内容	作业步骤及标准	安全措施注意事项	责任人签字
	11	更换间隔棒	①等电位电工携带滑车及传递绳行进至间隔棒附近 1m 处，坐在 2#、3#子导线上。 ②地面电工使用 2 号传递绳将导线间隔棒及间隔棒扳手传至等电位。 ③等电位电工先安装新间隔棒，再拆除需更换的旧间隔棒，并由地面电工配合传至地面。	①等电位电工所使用的个人工器具应绑扎牢固，防止高空落物。 ②新间隔棒应始终绑扎在 2 号传递绳上，安装完毕后，方可将闭合钩解开。 ③更换旧间隔棒前，应先使用闭合钩将其扣牢，再进行拆除。	
	12	退出强电场	①等电位电工携带滑车及传递绳走线返回导线线夹处，使用 1 号传递绳将 2 号传递绳绑扎牢固，由地面电工传至地面。 ②完成检修工作后，等电位电工将 1 号传递绳作为自身后备保护，检查确认导线上无遗留的工器具、材料等后，申请退出强电场。 ③得到工作负责人的许可后，等电位电工起身登上软梯，按照进入电场的逆顺序退出强电场。 ④等电位电工沿绝缘软梯返回地面。	①等电位电工在走线过程中，应使用有后备绳的双保险安全带。 ②在过间隔棒的过程中，不可失去安全带的保护，并应随时检查长短腰绳的磨损情况。 ③监护人应检查并提醒等电位电工后备绳扣环是否扣牢。 ④1-2 号地面电工控制好等电位电工的后备保护绳，3 号地面电工压好绝缘软梯。 ⑤等电位电工距铁塔不得小于 4.2m。	

（续表）

√	序号	作业内容	作业步骤及标准	安全措施注意事项	责任人签字
	13	传递工器具	①塔上电工拆除绝缘软梯，并使用绝缘传递绳绑扎牢固。 ②1-2号地面电工使用传递绳将软梯传至地面。	地面电工在传递绝缘软梯的过程中，不得站在作业点的正下方。	
	14	检查现场，汇报工作结束	①工作负责人检查确认杆塔上、导线上无遗留的工器具、材料等后,命令塔上电工下塔。 ②塔上电工携带绝缘传递绳下塔。	塔上电工在下塔过程中，应抓牢踩稳。	

6.3 竣工

√	序号	内容	负责人员签字
	1	消缺质量符合施工工艺要求	
	2	杆塔上无遗留物	
	3	作业现场清理完毕，作业结束	
	4	通知调度终结工作票，恢复线路再启动保护装置	

6.4 消缺记录

√	序号	缺陷内容	负责人员签字
	1		
	2		
	3		

6.5 验收总结

序号	作业总结	
1	验收评价	
2	存在问题及处理意见	

6.6 指导书执行情况评估

<table>
<tr><td rowspan="4">评估内容</td><td rowspan="2">符合性</td><td>优</td><td></td><td>可操作项</td><td></td></tr>
<tr><td>良</td><td></td><td>不可操作项</td><td></td></tr>
<tr><td rowspan="2">可操作项</td><td>优</td><td></td><td>修改项</td><td></td></tr>
<tr><td>良</td><td></td><td>遗漏项</td><td></td></tr>
<tr><td>存在问题</td><td colspan="5"></td></tr>
<tr><td>改进意见</td><td colspan="5"></td></tr>
</table>

参考文献

［1］胡毅，翁旭．三峡500kV同塔双回线路带电作业试验研究［J］．高电压技术，2001，27（1）：57~58.

［2］胡毅，聂定珍，王力农．500kV紧凑型双回线路的安全作业方式研究［J］．高电压技术，2001，27（12）：31~33.

［3］胡毅，王力农，肖勇．±500kV直流输电线路带电作业的屏蔽防护［J］．高电压技术，2002，28（9）：20~21.

［4］胡毅，王力农等．操作冲击电压对生物放电及屏蔽防护试验［J］．高电压技术，2002，28（6）：44~45.

［5］王力农，胡毅等．500kV高海拔紧凑型线路带电作业研究［J］．高电压技术，2005，31（8）：12~14.

［6］方年安．带电作业安全技术［J］．东北电力技术，1994年第7期51~59，33.

［7］胡毅等．750kV输电线路带电作业的试验研究［J］．电网技术，2006，30：（2）14~18.

［8］胡毅等．西北750kV输电线路带电作业试验研究研究报告［R］．武汉高压研究所，2002.

［9］万启发．二十一世纪我国的特高压输电［J］．高电压技术，2000，26（6）：12~13.

［10］张文亮，胡毅．发展特高压交流输电 促进全国联网［J］．高电压技术，2003，29（8）：20~22.

［11］胡毅．送变电带电作业技术［M］．北京：中国电力出版社，2004.

［12］丁一正．带电作业技术基础［M］．北京：中国电力出版社，1998.

［13］M. A. Adb - Altah. *Magnetic field-induced currents in human body in the proximity of power lines*. IEEE.

［14］邵瑰玮，胡毅，王力农，刘凯．特高压交流线路带电作业安全防护用具与措施．高电压技术，2007，33（11）：44~50.

后记

《王进工作法——±660kV 直流架空输电线路带电作业》属于高电压工程技术领域。

王进是国网山东省电力公司检修公司生产一线的一名高级技师，从事带电作业十余年，具有丰富的实际操作经验，在职工技术创新方面有着突出的优势。

带电作业是保障输电线路安全运行的关键技术手段，能够在不停电的情况下实施检修，从而保障电力持续供应。2010年10月投运的±660kV 银东线，负荷达4000MW，约占山东全省电网的10%，通过带电作业保障其持续可靠运行意义重大。由于是世界首次采用±660kV 电压等级和4×1000mm^2 大截面导线等新技术的线路，相关带电作业工法及工器具在世界范围内存在空白，实现其带电作业存在巨大障碍。

针对±660kV 直流架空输电线路带电作业中存在的带电作业安全距离、安全防护、作业方式等关键技术和工法不明确的问题，王进深度参与项目总体规划、创新谋划方案设计、积极投身现场实施，创新研制出系统的±660kV直流输电线路带电作业工法和系列工器具，编制完成首个《±660kV直流输电线路带电作业技术导则》，并在生产实际中推广应用，科技成果达到国际领先水平。

一、创建了完整的±660kV直流输电线路带电作业工法

世界首次系统性地对±660kV直流输电线路各种工况开展理论研究、计算及现场试验，确定了带电作业安全距离；世界首次系统性地对±660kV直流输电线路带电作业人员体表电场、电位转移脉冲电流等主要危险源特性进行计算、分析，确定了带电作业安全防护指标及措施；以上述创新成果为基础，确定9个±660kV等电位带电作业项目及相应的进出电场方式。上述技术内容形成了系统的带电作业体系，树立了±660kV带电作业标准工法典范。

二、创新研制了±660kV直流输电线路专用带电作业工器具

以±660kV带电作业安全防护指标为依据，通过高强度低密度的材料选型、贴合线路设备结构的科学设计，研制出±660kV直流输电线路带电作业安全防护工器具2项、配套带电作业工器具3组，为±660kV带电作业人员安全防护、常规带电作业项目提供了可直接应用的系列工器

具，破解了现有工器具不满足±660kV 带电作业安全和技术要求的难题。

三、编制世界首个《±660kV 直流输电线路带电作业技术导则》

梳理带电作业安全距离、安全防护指标及工器具研制等内容，编制世界首个《±660kV 直流输电线路带电作业技术导则》，提出适用于海拔 2000m 及以下地区±660kV 直流输电线路的带电检修技术标准，规定了技术要求、作业注意事项以及作业工具的试验、运输和保管等，为±660kV 电压等级带电作业提供了成熟、可直接参照执行的标准体系，在全世界电力行业内起到了指导作用，并已在“一带一路”沿线的巴基斯坦等国家推广使用。

目前，王进的±660kV 直流输电线路带电作业工作方法项目已获得发明专利 5 项、实用新型专利 7 项，核心技术形成电力行业标准 1 项，出版专著 1 部。

2010 年以来，该项目成果由国网山东省电力公司由省内逐步向各省（区）电力公司推广应用，已完成±660kV 银东直流输电线路带电作业 54 次，累计减少±660kV 银东线停电 217 小时，多向山东输送电量 4. 34 亿千瓦时，新增产值 2. 37 亿元，其中近三年新增产值 1. 58 亿元。

2011 年，应用该项目成果成功实施了世界首次±660kV

等电位带电作业，并由中央电视台进行了全球现场直播，《人民日报》《新华每日电讯》《科技日报》等主流媒体进行了广泛报道，社会效益显著。

本书在力求保证完整的理论性和系统性的同时，尽可能多地介绍±660kV直流输电线路带电作业工法、专用工器具及技术导则等，以便为带电作业人员提供参考和借鉴，推动±660kV及其他电压等级直流输电线路带电作业创新发展。

由于编者水平有限，在本书编写过程中，难免会出现一些不当和错漏，诚盼读者指正。

编　者

2018年5月